Hugo Berger

Die geographischen Fragmente des Hipparch

Hugo Berger

Die geographischen Fragmente des Hipparch

ISBN/EAN: 9783742807687

Hergestellt in Europa, USA, Kanada, Australien, Japan

Cover: Foto ©Klaus-Uwe Gerhardt /pixelio.de

Manufactured and distributed by brebook publishing software
(www.brebook.com)

Hugo Berger

Die geographischen Fragmente des Hipparch

DIE

GEOGRAPHISCHEN FRAGMENTE

DES HIPPARCH.

ZUSAMMENGESTELLT UND BESPROCHEN

VON

HUGO BERGER.

LEIPZIG,
DRUCK UND VERLAG VON B. G. TEUBNER.
1869.

Unter den Fragmenten älterer Geographen, die Strabo im
ersten und zweiten Buche seiner Geographie theils als Grundlagen
für sein System, theils als Anknüpfungspunkte für die Entwickelung seiner eigenen Stellung anführt oder bekämpft, finden sich
auch, verschmolzen mit denen des Eratosthenes, geographische
Fragmente des Hipparch von Nicäa, des „grössten Astronomen
des ganzen Alterthums," entnommen aus einem Buche desselben,
in welchem er die Eratosthenische Geographie einer eingehenden
und scharfen Kritik unterzogen hatte. Er war nicht der einzige,
der dies that. Hatten die neuen Entdeckungen, vielleicht auch
Bekräftigungen alter Hypothesen, die man den Zügen Alexanders
und seiner Nachfolger verdankte, einen überwältigenden Eindruck
gemacht, der zum Abschluss aller bisher offen gelassenen Fragen
drängte, so mögen die demnächst aufleuchtenden, grossen Erfolge
auf dem Gebiete der einzelnen Wissenschaften zur Folge gehabt
haben, dass man jene Quellen mit ihren rasch gewonnenen Resultaten nun einer Prüfung unterwarf, und dass man sich eher
dazu neigte, für neue Forschung neuen Raum zu brechen in die
Linien, die jene abschliessende Methode gezogen hatte. Eratosthenes Ruhm ist es ja von jeher gewesen, dass er das ganze
grosse Material der Geographie mitsammt dem damals neu er-
worbenen Schatze in ein grosses System verarbeitet habe, und
so sehen wir, dass sich seine Nachfolger gegen ihn wenden, der
laut Strabos Zeugniss nach zwei ausgebenden Seiten hin An-
griffspunkte darbot.[1] Serapio, den wir nur aus den Autoren-
verzeichnissen des Plinius (elench. scriptor. ad Lib. II. IV. V)
und aus Ciceros Briefen (ad Att. II. 6) kennen, hatte nach des
letzteren Zeugnisse den Eratosthenes scharf getadelt; der Periëget
Polemo hatte ein Buch gegen ihn geschrieben (Hesych. v. βέρφι.

---

1) Strab. II. C. 94: τρόπον τινὰ ἐν μὲν τοῖς γεωγραφικοῖς μαθημα-
τικός ἐν δὲ τοῖς μαθηματικοῖς γεωγραφικὸς ὤν.

Harpocrat. v. ἄξονες); man verwarf seine Berechnung des Erd-
umfangs (Strab. I. C. 62, 113); Polybius zeigt in Bezug auf
Quellen und Annalmen Ansichten, die von den Eratosthenischen
grundverschieden sind (hist. III. 38. Strab. II. C. 104). Die
besonderen Gründe, die die Genannten zum Widerspruche dräng-
ten, sind einigermassen gekennzeichnet. Polemo, der vielgereiste
,,Säulenklauber", warf dem Eratosthenes vor, er habe nicht einmal Athen gesehen (Strab. I. C. 15); Polybius wollte die Geographie in den Dienst der Geschichte stellen, hielt sich also an
den Umfang des Schauplatzes derselben und verwarf die Her-
zählung unbekannter, mit dem historischen Leben nicht zu ver-
knüpfender Namen, besonders wenn sie ihm, aus weiter Ferne
hergeholt, verdächtig schienen (hist. I. 41, 42. II. 14. III. 36.
V. 21. Dazu IV. 39. Strab. II. C. 104); Hipparch legte die Axt
an die Wurzel. Er sah, dass jeder geographische Versuch sich
im trügerischen Ungefähr verlaufen müsse, so lange man nicht
die weit vorschreitenden Wissenschaften der Mathematik und
Astronomie als absolute Grundlagen betrachtete, und von diesem
Standpunkte aus schrieb er seine Kritik. Sein Buch hat daher
keine oder nur wenig eigene geographische Daten enthalten, wohl
aber die Grundzüge einer ganz neuen Geographie, die bis auf
das, was sich bei Marinus von Tyrus und Ptolemäus wieder vorfindet und das, was Strabo aufbewahrte, verschmäht und verges-
sen wurden, da sie den Verhältnissen der Zeit allerdings voraus-
griffen.

Da nun diese Reliquien der geographischen Ideen Hipparchs
alle ihre Wurzeln in der Astronomie und Mathematik haben,
finden wir sie auch in den Werken über die Geschichte dieser
Wissenschaften überall wenigstens beiläufig erwähnt. Es war
aber nicht die Sache der betreffenden Gelehrten, sie weiter zu
verfolgen und eingehend zu erörtern, nur Montucla scheint, nach
seinem kurzen Urtheile zu schliessen, einen tiefen Einblick in
dieselben gethan zu haben[1]. Die älteste uns bekannte Abhand-
lung über Hipparch von Joh. Andr. Schmidt[2] giebt, was mehr
oder minder auch eine Anzahl der späteren Schriftsteller thaten,

---

1) Montucla, hist. des mathématiques. Paris 1785. Bd. I. S. 274.
2) Jo. Andr. Schmidt, dissert. de Hipparcho, Theone Alexandr. et docta
Hypatia. Jenae 1691. 4.

einfach das Urtheil Strabos über die Hipparchische Kritik wieder, meist mit dessen eigenen Worten, und nimmt im Ganzen auf weiter nichts Rücksicht, als auf zwei untergeordnete Streitpunkte, die im zweiten Buche des Strabo gerade in den Vordergrund gedrängt sind, die Sphragiden des Eratosthenes und die geographische Bedeutung des Patrokles.[1]) Den Herausgebern und Uebersetzern Strabos, besonders Groskurd, verdanken wir einige Winke und vorzügliche Bemerkungen. Die Sammler der Fragmente des Eratosthenes[2]) mussten nothwendigerweise die Hipparchische Frage berühren, die Behandlung der Eratosthenischen Geographie aber ist gerade der Punkt, von welchem aus Hipparch, nebensächlich betrachtet, am leichtesten in einem falschen, ungünstigen Lichte erscheinen muss, und diese ungünstige Auffassung tritt namentlich bei Bernhardy hervor. In den Werken Ukerts, Mannerts, Forbigers hat Hipparch als Geograph seinen Platz gefunden, als Reformator der Geographie aber, was Hipparch thatsächlich werden wollte, hat ihn nur Gosselin hingestellt[3]), dem es gelungen ist, die einzelnen Züge zu einem scharf gezeichneten Gesammtbilde zusammenzufassen, das fast ganz getreu ist. Fast setzen wir hinzu, denn während die übrigen Gelehrten, die wir anführten, bei einem gewissen Punkte unter Strabos Leitung auf einem breiten Seitenwege abirrten, vermied Gosselin diesen Abweg zwar, gewann aber, nachdem er das Ziel der wahren Auffassung bereits erreicht hatte, merkwürdigerweise durch einen Sprung jene falsche Spur wieder, indem er dem Hipparch die Entwerfung und Vollendung einer neuen, eigenen Karte zuschrieb. Das, was wir in Uebereinstimmung oder im Widerspruche mit dem letztgenannten der Betrachtung der Fragmente als Resultat abzugewinnen vermochten, sei uns gestattet, in wenig Worten zugleich als Gesichtspunkt für die Anordnung des einzelnen denselben zusammenfassend vorauszugeben zu lassen.

Hipparch hat die Eratosthenische Geographie in seiner Kritik verworfen, weil sie die untrüglichen Hilfsmittel der gleichzeitig so hoch entwickelten Mathematik und Astronomie nur theil-

---

1) Vergl. Frgm. IX u. X.   2) Eratosthenis geographicor. frgm. ed. G. C. F. Seidel. Gotting. 1789. Bernhardy Eratosthenica. Vgl. noch Lassen, Indische Alterth. Bd. II. S. 741 ff.   3) Géographie des Grecs analysée. Paris 1790. und Recherches sur la géographie d'Hipparque.

1 *

weise verwerthe, im Allgemeinen aber bei der Anwendung der
früher gebräuchlichen verharre, demnach nicht als naturgemässer
Fortschritt zu betrachten sei. Aller Wahrscheinlichkeit nach
hatte er dabei die astronomischen Breitenbestimmungen des Pytheas von Massilia vor Augen und stellte nun gewisse Grundzüge
und Forderungen für eine den Verhältnissen der mathematischen
Hülfswissenschaften entsprechende Neugestaltung der Geographie
auf. Er verwarf nach denselben alle Angaben nach klimatischen
Verhältnissen, Richtungsangaben und Maassen der Reisenden und
forderte ausschliesslich astronomische Längen- und Breitenbestimmung. Mit der Mahnung an die Mit- und Nachwelt aber,
das grosse Werk zu fördern und zu vollenden, übergab er denselben zugleich die Anweisung und die hauptsächlichsten Hülfs-
mittel in seiner Tabelle für die nothwendigen Himmelserscheinungen für 90 Grade zwischen Aequator und Pol und der Tabelle der in den nächsten Zeiten zu erwartenden Finsternisse.
Wie durch Berechnung dieser Tabellen, machte er weiter einen
eigenen Anfang zu solcher Reformation dadurch, dass er die Breite
einiger Städte selbst berechnete. Den geographischen Hypothesen
gegenüber hielt er eine neutrale Stellung inne, für vorläufigen
Gebrauch empfahl er die älteren Karten. Er hat endlich nach
alledem keine Geographie geschrieben, keine Karte gezeichnet,
und alle Fragmente einer sogenannten Hipparchischen Karte bestehen aus nichts anderem, als aus einzelnen Angaben der Geographie seiner und der früheren Zeit, welche er im Verlaufe der
Kritik Eratosthenischen Angaben als gegentheilig und gleichbe-
rechtigt gegenüberstellte. Bei der Specialkritik gegen Eratosthenes führte er die Trigonometrie als Prüfstein ein.

Diese einzelnen Sätze wollen wir versuchen an der Hand
der Fragmente nach und nach zu begründen, bitten aber vorher,
unsern Widerspruch gegen grosse und anerkannte Gelehrte nicht
misdeuten zu wollen und Nachsicht zu üben gegen die Schwächen
der Darstellung.

Ueber Hipparchs Lebensverhältnisse liegen nur wenige sichere
Anhaltepunkte vor. Uebereinstimmend sagen die Quellen, dass
er aus Nicaea in Bithynien stamme; Strabo zählt ihn (XII. C.
566) unter den berühmten Männern Bithyniens auf; Suidas (v.
Ἵππαρχος) nennt ihn einen Nicäer, Aelian, dessen Nachricht

freilich mit den übrigen theilweise unvereinbar erscheint, einen
Bürger Nicaea's (περὶ ζώων VII. 8). Für die Bestimmung seines
Alters bieten die besten Anhaltepunkte die Beobachtungen, die
ihm von Ptolemäus im Almagest zugeschrieben sind, nur muss
man sich hüten, hierzu Beobachtungen zu rechnen, deren sich
Hipparch zwar bediente, die er aber nicht selbst gemacht, sondern auf dem Wege wissenschaftlichen Verkehrs sich verschafft
hatte, wie die der Chaldäer [1]), des Aristarchus, Timocharis [2]) und
anderer, deren Thatbestand Ptolemäus sowohl wie Hipparch selbst
in seinen eigenen, angeführten Worten einfach, wie den einer
selbstgemachten Beobachtung, ohne Hinweis auf die fremde Quelle
anzugeben pflegen [3]). Nach dieser Quelle hat Schmidt in seiner
Dissertation eine vollständige Tabelle der Hipparchischen Beobachtungen entworfen, in der er jedoch zu weit gegangen ist.
Gestützt auf Almag. IV. 10; pp. 279 u. 280 setzt er die ersten
Beobachtungen Hipparchs in die Jahre 201 und 200 vor Chr. G.
(54 u. 55 der zweiten Kallippischen Periode). Seine letzte Beobachtung fällt aber (s. u.) in das Jahr 126 v. Chr. G., und danach würde sich denn die Dauer der selbständig wissenschaftlichen Thätigkeit des Astronomen auf mindestens 75 Jahre ergeben, denn das letztgenannte wird nicht als sein Todesjahr,
sondern als ein Jahr angegeben, in dem er zwei Beobachtungen
machte, auf die er sich in seinen Werken berief [4]).

Hipparch müsste hiernach, wie Schmidt selbst zugibt, „valde
iuvenis" angefangen haben Beobachtungen zu machen, oder an
hundert Jahre alt geworden sein. Das ist an sich nun recht wohl
möglich, aber zur Annahme einer so interessanten Thatsache,
müsste man sich auf unzweideutige Nachrichten stützen können. In
der angeführten Stelle des Almagest steht aber nicht, dass Hipparch
jene Mondfinsterniss im 54ten Jahre der zweiten Kallippischen Periode beobachtet habe, sondern dass sie beobachtet worden sei,
was Ptolemäus deutlich genug hervorhebt, wenn er Alm. V. 3.
p. 294 u. 295 im Rückblick auf dieselbe sagt: Πάλιν ἵνα καὶ
ἐκ τῶν ὑπὸ τοῦ Ἱππάρχου τετηρημένων τοιούτων παρόδων
φανερὸν ἡμῖν τὸ ἐπὶ τῶν ὁμοίων διάφορον γίνηται, παρα-

---

1) Vrgl. Almag. Lib. IV. cap. 10, pag. 275. (Halma, Par. 1813).
2) Ebend. III. 2, pag. 162. VII. 2; p. 10.   3) Vrgl. Alm. a. a. O. und
öfter, bes. IV. 10; p. 275 ff.   4) Vrgl. Alm. V. p. 295.

Θησόμεθα καὶ τούτων μίαν κ. τ. λ., und auch weiterhin ist bei den eigenen Beobachtungen Hipparchs meistens ausdrücklich gesagt, dass sie ihm selbst zuzuschreiben und keine bloss entlehnten seien (τετηρηκέναι φησίν; Alm. III. 2; p. 160. V. 3; p. 299). Man könnte ihm mit demselben Rechte zwei Beobachtungen zuschreiben, welche in das Jahr 366 nach Nabonassar fallen.

Nach Vossius (de scientiis mathem. cap. XXXIII, 4: Olympiade CLIV ab novem sequentibus effulsit Hipparchus Nicaenus, astrologorum suo tempore princeps)[1] ist nun die erste eigene Beobachtung des grossen Astronomen allgemein in das Jahr 161 v. Chr. Geb. gesetzt worden, woran nur etwa noch die Bemerkung zu knüpfen wäre, dass diese Beobachtung zugleich mit den beiden folgenden der Jahre 158 und 157 vor Chr., bei denen Ptolemäus immer noch nicht entschieden auf Hipparch als Beobachter hinweist[2], nur mit einer geringeren Sicherheit demselben zuzuschreiben sind, als die folgende fast ununterbrochene Reihe, deren erster, einer Aequinoctialbeobachtung des Jahres 146 v. Chr. Ptolemäus beisetzt, im Betracht der Schwierigkeit der Solstitialbeobachtungen und der Unsicherheit anderer Beobachter, wolle er sich jetzt Hipparchischer Aequinoctialbeobachtungen bedienen[3].

So fallen denn die bezeugten Hipparchischen Beobachtungen in die Jahre 161, 158, 157, 146, 144—141, 135—126[4]. Die Angaben sind nach der Kalippischen Periode, das Datum nach ägyptischem Kalender meist beigefügt. Für die Jahre 146 und 126 steht noch nebenher die Bestimmung nach dem Tode Alexanders.

Mit diesen Zeitangaben, die freilich in einzelnen Punkten falsch sein können, im Grossen und Ganzen aber doch eine sichere Basis für Hipparchs Zeitalter bieten, stimmt vortrefflich die Be-

---

1) Vrgl. noch: Scaliger de emendat. temporum lib. IV. p. 287. Hevelius, mach. coelest. praef. ad lectorem pag. 29. Hamberger, Bd. 1. S. 396, Saxii onomast. Bd. I. S. 130.   2) Alm. III. 2; p. 152.   3) Alm. a. a. O. p. 160.   4) Sämmtliche hierher gehörige Stellen des Almagest sind: III. 2; p. 152, 154, 156, 157, 160, 161, 163. V. 3; p. 295, 299 ff. 304. VI. 9; p. 433. VII. 2; p. 12 (2ter Band). Nach Seyffarth Berichtigungen etc. S. 61 ff. wären sämmtliche Daten um 2 Jahre herabzusetzen.

merkung des Ptolemäus, von Hipparch bis auf die Regierungs-
zeit des Antoninus (Pius), in welcher er selbst seine meisten Fix-
sternbeobachtungen gemacht habe[1], sei ein Zeitraum von 265
Jahren verronnen. Anders verhält es sich mit der schon oben
berührten Angabe des Aelian, die freilich an sich einen interessanten Zug aus der Persönlichkeit des Astronomen enthält. Er
erzählt, wie Hipparch einst zur Zeit des Tyrannen Hiero (so verbesserte Valesius für das handschriftliche Nero) bei wunderschö-
nem Wetter mit einem Regenmantel versehen im Theater die
allgemeine Aufmerksamkeit auf sich gelenkt habe. Plötzlich sei
aber wirklich ein gewaltiges Wetter losgebrochen, und der Ty-
rann habe sich nun bewogen gefunden, den Nicäern zu einem
so wetterkundigen Mitbürger zu gratuliren. Ueber die Identität
mit unserm Hipparch ist gewiss kein Zweifel bei solcher Uebereinstimmung der Verhältnisse, des Namens, der Vaterstadt, des
Berufs und der in der Erzählung selbst vorausgesetzten Berühmt-
heit. Wer eigentlich an der Stelle jenes Nero oder Hiero gemeint sei, wissen wir nicht. Die Correctur Hiero steht wahrscheinlich selbst auf einem chronologischen Irrthum.

Für die Frage nach dem Aufenthaltsorte des Hipparch kommen abermals zunächst die Beobachtungen der Jahre 145 und
126 in Betracht. Bei Erwähnung der Aequinoctialbeobachtung
des ersteren Jahres bezieht sich Hipparch mit eigenen, von Ptolemäus angeführten Worten (Alm. III. 2; 154) auf einen Krikos
in Alexandria, den er schon früher (p. 152) erwähnte; für die
Beobachtung des letzteren ist ausdrücklich Rhodus als Schauplatz
der Begebenheit angeführt. Dieser Umstand hat bewirkt, dass
er vielfach Rhodier genannt worden ist und dass Riccioli (Almag.
novum, chron. parte I. pag. XXVI.) einen Bithynier Hipparch,
dem er die Kritik über die Phänomene des Aratos zuschreibt
und den er in's Jahr 136 v. Chr. versetzt, von dem Rhodier
Hipparch trennt. Der Irrthum ist bei Hevelius (mach. coel.
praef. p. 29) vermieden, in Schmidts Dissertation wenigstens angedeutet[2].

Weiter bietet sich als Anhaltepunkt eine Notiz, welche dem

1) Alm. VII. 10, p. 12.   2) Man vergleiche dazu Strab. XIV. C.
655, wo unter Aufzählung berühmter Rhodier keines Hipparch gedacht
wird.

Ruche Ptolemaei de apparentiis aoi Ende beigefügt ist [1]). Der
Schreiber bezeichnet die Astronomen, deren Beobachtungen der
Verfasser des Werkes, (er nennt Ptolemäus selbst), zu Grunde
gelegt habe und fügt dann die Beobachtungsorte der einzelnen
bei in Berücksichtigung der Beeinflussung der Beobachtungen
durch dieselben. Petavius urtheilt darüber in einer Randbe-
merkung: Quae sequuntur utiliter ab alio quam hemerologii
scriptore notata sunt. Die Wichtigkeit der Notiz für den Leser
lässt auf einen mit der Wissenschaft vertrauten Mann schliessen.
Während er nun von den angeführten Astronomen bei Philippus,
Konon, Metrodorus zwei, bei Eudoxus drei, bei Meton sogar vier
verschiedene Beobachtungsorte angiebt, schreibt er merkwürdigerweise dem Hipparch nur einen, Bithyuien, zu ('Ιππαρχος δ' έν
Βιθυνία sc. τετήρηκεν) und überging oder kannte den Aufenthalt desselben in Rhodus nicht, der sich auf die Zeit vom April
bis zum Juni 126 vor Chr. aus Alm. V. 3; p. 295, 299 ff. 304
nachweisen lässt.

Das ist Alles, was für die Frage nach dem Aufenthalte in
Betracht kommt, und ausser dem sicheren Hinweis auf Vaterland
und Vaterstadt und auf den erwähnten Aufenthalt in Rhodus, lässt
sich wohl nicht viel mehr daraus entnehmen, als dass Annahmen
ohne hinreichende Gründe in dieser Hinsicht für sicher hingestellt worden sind. So behauptet Weidler (hist. astron. pag. 140 ff.)
ohne Gründe, dass Hipparch in Rhodus seinen Sternkatalog be-
gonnen habe (primum sideribus notandis in insula Rhodo operam
dedit); so ist es den allgemeinen Verhältnissen zufolge äusserst
wahrscheinlich, dass Hipparch in Alexandria gewesen sei, bleiben
wir aber auf dem sicheren Boden direkter Angaben stehen, so
ist es, wie schon in Ersch und Grubers Encyclopädie in dem
Artikel über Hipparch sehr richtig bemerkt wird, durchaus nicht
so ausgemacht, wie es Schmidt, Montucla, Weidler, Gossellin,
Riccioli und andere halten, ohne Gründe anzugeben. Dass Hipparch einmal auf Beobachtungen hinweist, die an einem bestimmten Instrument zu Alexandria veranstaltet waren, das andere
Mal die daselbst beobachtete Erscheinung selbst beschreibt [2]),

---

1) Petav. Uranol. pag. 93 D. 2) Alm. III, 2; p. 153. 154. 'Ακριβώς δὲ δύναται υπενοείσθαι ἡ ἀνωμαλία τῶν ἐνιαυσίων χρόνων ἐκ τῶν τετηρημένων
ἐπὶ τοῦ ἐν Ἀλεξανδρεία κειμένου χαλκοῦ κρίκου ἐν τῇ τετραγώνῳ καλου-

beweist, dass er mit den Dingen in Alexandria vertraut und im Besitze Alexandrinischer Beobachtungen war, die Annahme aber, dass er die Beobachtungen selbst gemacht haben müsse, rechtfertigt der Ausdruck keineswegs, namentlich nach dem, was sich nach den oben angeführten Stellen für die Art der Erwähnung fremder Beobachtungen zeigt. Es kann nach alledem auch der Umstand, dass Hipparch die Breite von Alexandria so genau bestimmte, als sie sich damals überhaupt bestimmen liess[1]), für den Aufenthalt daselbst nicht angezogen werden, von der andern Seite aber bleibt es merkwürdig und widerräth die Annahme der Nachricht aus Ptolemaeus de apparentiis, Bithynien sei als ständiger Aufenthalt des Astronomen zu betrachten, dass die Breitenbestimmungen der Punkte, die Bithynien am nächsten lagen (Alexandria in Troas, Byzanz) in Anbetracht der Genauigkeit mit denen von Alexandria in Aegypten, von Rhodus, ja von Babylon Syrakus[2]) u. a. m. gar nicht verglichen werden können, — kurz, wir müssen die Frage verlassen, ohne ihr ein irgend genügendes, sicheres Resultat abgewinnen zu können.

Für den Ruhm, den sich Hipparch durch seine wissenschaftliche Thätigkeit schon im Alterthume erwarb, brauchen wir nur auf das Lob des Plinius (hist. nat. II. 13 u. 26) hinzuweisen, der ihn „in omni diligentia mirus, nunquam satis laudatus" genannt hat. Weniger emphatisch aber charakteristisch bezeichnend sagt Ptolemäus von ihm Alm. III. 2; 150: καὶ μάλιστα τῷ Ἱππάρχῳ, ἀνδρὶ φιλοπόνῳ τε ὁμοῦ καὶ φιλαλήθει. IX. 2; 118: ὅθεν καὶ τὸν Ἵππαρχον ἡγοῦμαι φιλαληθέστατον γενόμενον,—. Bei seinen Annahmen ging er mit der grössten Vorsicht seinen eigenen Beobachtungen gegenüber zu Werke (a. a. O. p. 152), und dass er in recht wissenschaftlicher Bescheidenheit nach wahrer Erkenntniss, nicht nach glänzendem Erfolge strebte, zeigt sowohl dies, als sein eigener Ausspruch in der Einleitung zu seiner einzig erhaltenen Schrift: ἐξηγήσεις εἰς τὰ φαινόμενα Ἀράτου καὶ Εὐδόξου[3]), die er seinem Freunde Aeschrion zusandte. Er

μένη στοᾷ, ὃς δοκεῖ διασημαίνειν τὴν ἰσημερινὴν ἡμέραν, ἐν ᾗ ἂν ἐν τοῦ ἑτέρου μέρους ἄρχεται τὴν κοίλην ἐπιφάνειαν φωτίζεσθαι. — — καὶ ὁ κρίκος δέ, φησίν, ὁ ἐν Ἀλεξανδρείᾳ ἴσον ἐξ ἑκατέρου μέρους παρηγγέλθη περὶ τ᾽ τὴν ὥραν. 1) Vrgl. V. Frgm. 6. 2) Vrgl. die Breitentabelle V. Frgm. 7. 8. 3) Pet. Uranol. 171 ff. Ueber Aeschrion s. die Note

καιι daselbst (pag. 17?): ἕορικα τῆς σῆς ἕνεκα φιλομηθίας καὶ
τῆς κοινῆς ὠφελείας ἀναγράψαι τὰ δοκοῦντά μοι διημαρ
τῆσθαι. τοῦτο δὲ ποιῆσαι προεθέμην οὐκ ἐκ τοῦ τοὺς ἄλλους
ἐλέγχειν φαντασίαν ἀπενέγκασθαι προαιρούμενος· κενὸν γὰρ
καὶ μικρόψυχον παντελῶς· τοὐναντίον δὲ δεῖν οἴομαι πᾶσιν
ἡμᾶς εὐχαριστεῖν, ὅσοι τῆς κοινῆς ἕνεκεν ὠφελείας ἰδίᾳ κο-
νεῖν ἀναδεχόμενοι τυγχάνουσιν. ἀλλ' ἕνεκα τοῦ μήτε σε, μήτε
τοὺς λοιποὺς τῶν φιλομαθῶν ἀποπλανᾶσθαι τῆς περὶ τὰ
φαινόμενα κατὰ τὸν κόσμον θεωρίας, ὅπερ εὐλόγως πολλοὶ
πεπόνθασιν.

Strabo war freilich ganz anderer Meinung, denn er wirft
ihm mehr als einmal mürrische Tadelsucht vor, ja Ungerechtig-
keit und noch mehr[1]), Vorwürfe die den Hipparch bis in die
neueste Zeit verfolgt haben. Vielleicht gelingt es auch uns im
weiteren Verlaufe einiges zu seiner Reinigung beizutragen, wie
schon namhafte Gelehrte insofern gethan haben, als sie in den Unter-
suchungen über Pytheas auf den Punkt kamen, den Tadel gegen
Strabo zu wenden und demselben, unbeschadet seiner anderweitigen
Verdienste, das Verständniss der angefochtenen Ideen absprachen.

Auf die Existenz der Kritik Hipparchs gegen Eratosthenes
im Allgemeinen hinweisend, sollen folgende Stellen den Anfang
machen.

Reihe I.

1. Fragm. 1. Strab. I. C. 15.

Πρῶτον δ' ἐπισκεπτέον Ἐρατοσθένη παρατιθέντας ἅμα
καὶ τὴν Ἱππάρχου πρὸς αὐτὸν ἀντιλογίαν.

1. Fragm. 2. Cic. ad Att. II. 6.[2])

A scribendo prorsus abhorret animus, etenim geographica

in Fabr. Bibl. Gr. IV. 26.   Gesnerus in bibl. pag. 301: Hipparchi ex-
positio in Arati phaenomena graece exstat Romae in bibliotheca Vati-
cana, et in quadam alia Italica bibliotheca Ἱππάρχου τὰ εὑρισκόμενα,
quasi plura etiam huius autoris scripta supersint.   1) Vergl. Strab. II.
C. 78. 85. 86. 88—90.   2) Vergl. ad Att. II. 4 und 7.   Cicero hat von
Atticus das Buch des Serapio geschickt bekommen und sich während
einiger Zeit der Erholung zu Antium mit Geographie beschäftigen wollen, wird aber sichtlich theils vom politischen Interesse daran gehin-

quae constitueram, magnum opus est; ita valde Eratosthenes, quem mihi proposueram, a Serapione et Hipparcho reprehenditur.

I. Fragm. 3. Strab. II. C. 94.

— αἰτιασάμενος δ' οὖν τινα τῶν Αἰθιοπικῶν (sc. Ἵππαρχος) ἐπὶ τέλει τοῦ δευτέρου ὑπομνήματος τῶν πρὸς τὴν Ἐρατοσθένους γεωγραφίαν πεποιημένων, ἐν τῷ τρίτῳ φησὶ τὴν μὲν πλείω θεωρίαν ἔσεσθαι μαθηματικήν, ἐπὶ ποσὸν δὲ καὶ γεωγραφικήν.

Einige Zeilen weiter unten:

— ἐν δὲ τούτῳ τῷ ὑπομνήματι καὶ δικαίας καὶ οὗτος (Ἐρατοσθένης) καὶ ὁ Τιμοσθένης (ἀφορμὰς διδόασι τοῖς ἀντιλέγουσιν), ὥστ' οὐδ' ἡμῖν καταλείπεται συνεπισκοπεῖν, ἀλλ' ἀρκεῖσθαι τοῖς ὑπὸ τοῦ Ἱππάρχου λεχθεῖσιν.

Vergleicht man mit diesen Stellen noch Strab. II. C. 77 und 92, die selbst an anderem Orte ihren Platz nicht verlieren können (s. Frgm. II. 4. IX. 1. 2ᵇ), so findet man fürs erste, dass die Kritik in drei Büchern enthalten war. In der letztgenannten Stelle giebt Strabo flüchtig den Inhalt des zweiten Buches an und charakterisirt darauf das dritte, wonach sich ersehen lässt, dass mit Ausnahme der Breitentabelle die Hauptmasse der Fragmente aus dem ersten Buche stamme. Ebenso lässt sich nach diesen Andeutungen Strabos im Bezug auf die Anordnung des Stoffes bei Hipparch vermuthen, dass im ersten Buche die Angriffe auf des Eratosthenes Ansichten über die ältere Geographie standen (s. Frgm. Reihe VII.), auf dessen mathematische und physische Geographie und gegen das, was er über das südliche Asien lieferte (bis in die Mitte des dritten Buches bei Eratosthenes). Im zweiten Theile scheint Hipparch die Eratosthenische Darstellung von Nordasien, Europa und Libyen besprochen zu haben. Der dritte Theil enthielt nach Strabo nur Mathematisches, worunter wir wohl nichts anderes zu verstehen haben, als die Begründung seines Systems und die Tabellen der Breiten und der Finsternisse. Nach Strabos Ausdrücken müssen aber auch diese Betrachtungen ihre Anknüpfungspunkte irgendwo in der Kritik des Eratosthenes gehabt haben.

---

dort, theils hat er zu der Sache, die ihm ferner lag und andere war, als er sich vorgestellt hatte, eingestandenermassen die Lust verloren. Ueber Serapio s. S. 1.

Dass die Kritik sehr ungünstig lautete, dafür haben wir vor der Hand Ciceros Zeugniss, das Strabo später sattsam bestätigen wird. Die Gründe aber, die den Hipparch zu solcher Verurtheilung bewogen, fliessen in den Fragmenten mit den Forderungen für die verbesserte Geographie zusammen und sind daher in einer besonderen Reihe nicht darzustellen.

Reihe II.

II. Fragm. 1. Strab. I. C 7.

Ἀλλὰ μὴν ὅτι γε δεῖ πρὸς ταῦτα πολυμαθείας, εἰρήκασι συχνοί. εὖ δὲ καὶ Ἵππαρχος ἐν τοῖς πρὸς Ἐρατοσθένην διδάσκει, ὅτι παντὶ καὶ ἰδιώτῃ καὶ τῷ φιλομαθοῦντι τῆς γεωγραφικῆς ἱστορίας προσηκούσης, ἀδύνατον [αὐτὴν] λαβεῖν ἄνευ τῆς τῶν οὐρανίων καὶ τῆς τῶν ἐκλειπτικῶν τηρήσεων ἐπικρίσεως· υἱον Ἀλεξάνδρειαν τὴν πρὸς Αἰγύπτῳ, πότερον ἀρκτικωτέρα Βαβυλῶνος ἢ νοτιωτέρα, λαβεῖν οὐχ οἷόν τε, οὐδ᾽ ἐφ᾽ ὁπόσον διάστημα, χωρὶς τῆς διὰ τῶν κλιμάτων ἐπισκέψεως. ὁμοίως τὰς πρὸς ἕω παρακεχωρηκυίας ἢ πρὸς δύσιν μᾶλλον καὶ ἧττον οὐκ ἂν γνοίη τις ἀκριβῶς πλὴν εἰ διὰ τῶν ἐκλειπτικῶν ἡλίου καὶ σελήνης συγκρίσεων ¹). οὗτός τε δὴ ταῦτά φησι,²) —.

Die älteren Uebersetzer Guarinus und Xylander und nach ihnen Koray würden, nach der von ihnen bevorzugten Lesart der letzten Worte, dem Fragmente eine grössere Ausdehnung geben, da sie die ganze folgende Ausführung für Worte des Hipparch nahmen. Schon Casaubonus sprach sich dagegen in seiner Note aus, und ihm folgten Groskurd, Forbiger, Cramer und Meineke. Zum Belege für seine Ansicht lässt Cramer die spätere Stelle II. C. 109 vergleichen, in welcher Strabo mit dem so gebräuchlichen εἴρηται auf sich selbst zurückweist und einen guten Theil der Gedanken und Beispiele, mit denen er an unserer Stelle die Sätze Hipparchs paraphrasirt hat, mit den nämlichen Ausdrücken wiederholt.

---

1) Vrgl. Ptol. geogr. I. 4 § 2 ff.　2) οὐ δὴ δὴ Cod. A. — οὐ δὲ δὴ Codd. gm. οὗτος δὲ δὴ τοιαῦτά φησιν. Codd. DC. οὗτός γε δὴ τοιαῦτά φησιν. Groskurd n. Forbiger. — οὗτος δὲ καὶ ταῦτά φησιν. Guarinus, Xylander, Koray. Im Betreff der Varianten wird es wohl genügen, nur diejenigen anzuführen, die unmittelbar den Sinn berühren, im übrigen aber auf Cramers Ausgabe des Strabo zu verweisen.

Dazu komme noch die Bemerkung, dass Strabo oft die angeführte Meinung anderer Autoren auf die Weise, wie hier mit
den Worten οὗτός γε δή ταῦτά φησιν, abzuschliessen pflegt
(l. C. 25. II. C. 80). III. C. 147); dass die als Hauptstücke von
Hipparch hingestellten zwei Beobachtungsgattungen, die eine für
Bestimmung der Breite, die andere für die der Länge, im folgenden durch eine Anzahl anderer überboten wird, von denen
Hipparch eben nichts wissen wollte, und die sich als rein Strabonische kennzeichnen [1]); dass dadurch und durch eine falsche
Anwendung der Worte Hipparch's ὅτι παντί καὶ ἰδιώτῃ καὶ
τῷ φιλομαθοῦντι u. s. w. dessen ganzer Gedanke verflacht und
verstümmelt wird. Strabo, dessen Incompetenz in mathematischen
Dingen vielfach anerkannt wird, hat das Fragment in einem un-
vermeidlichen Elogium der mathematischen Hilfswissenschaften
brauchen können, unter den Händen aber wird es ihm gewissermassen zu einem nothwendigen Zugeständniss, dem er gleich
seine Verwahrung nachsendet. Die Wahrheit der Hipparchischen
Grundsätze konnte er nicht leugnen, er weist aber trotzdem ihre
Consequenzen stets ab, sie hätten es ihm eben unmöglich gemacht,
eine Geographie fertig zu bringen. Bei alledem ist der Excurs
von Hipparchischen Ideen durchzogen, und es lässt sich nicht
leugnen, dass einige Passagen sogar auf seine Feder hinzudeuten
scheinen. Strabo lässt sich aber angelegen sein, sie immer auf
die besprochene Weise zu mildern und in seine Ansicht über
geographische Ortsbestimmung verlaufen zu lassen.

II. Fragm. 2. Strab. II. C. 71.

— ἐπειδὴ οὐκ ἔχομεν λέγειν οὔθ' ἡμέρας μεγίστης πρὸς
τὴν βραχυτάτην λόγον οὔτε γνώμονος πρὸς σκιὰν ἐπὶ τῇ
παρωρείᾳ τῇ ἀπὸ Κιλικίας μέχρι Ἰνδῶν, οὐδ' εἰ ἐπὶ παραλλήλου γραμμῆς ἐστιν ἡ λόξωσις ἔχομεν εἰπεῖν, ἀλλ' ἐᾶν ἀδιόρ-
θωτον λοξὴν φυλάξαντες, ὡς οἱ ἀρχαῖοι πίνακες παρέχουσιν.

Es ist hier die Rede von der langen Gebirgskette, die
nach Eratosthenes als Fortsetzung des Taurus parallel dem Aequator ganz Asien in eine Süd- und Nordhälfte zerschnitt und der
nach unseren Stellen die alten Geographen eine Beugung gegeben
hatten [2]). Es ist interessant zu sehen, wie Strabo den Hipparch

1) Vgl. II. C. 71 u. 119 und die folgenden Fragmente. 2) Vgl.
Strab. II. C. 68 ff. Frgm. R. IX. Gossellin, recherches sur le système géogr.
d'Hipparque p. 18 Forbiger, Gesch. d. alten Geogr. Bd. I. S. 189. u. a.

bei seinem Ausdrucke zu fassen versucht. Er sagt: πρῶτον μὲν γὰρ τὸ μὴ ἔχειν εἰπεῖν ταὐτόν ἐστι τῷ ἐπέχειν, ὁ δ' ἐπέχων οὐδ' ἑτέρωσι ῥέπει, ἐὰν δὲ κελεύσῃ, ὡς οἱ ἀρχαῖοι, ἐκεῖσε ῥέπει. μᾶλλον δ' ἂν τἀκόλουθον ἐφύλαττεν, εἰ συνεβούλευε μηδὲ γεωγραφεῖν ὅλως. Er verdreht somit offenbar Hipparchs Standpunkt und bringt einen fremden Begriff, den der vollendeten Eratostheuischen Darstellung, in den Schluss, der jenes Bemerkung zu Grunde liegt. Hipparch greift die Eratostheuische Zeichnung der Gebirge an sich gar noch nicht an, sondern verwirft mit den Grundlagen, auf welche Eratosthenes seine Correctur bauen wollte, die Zulässigkeit derselben. Er steht nicht wählend zwischen den beiden Darstellungsarten der Gebirge, sondern auf dem Standpunkte des Eratosthenes vor vollführter Aenderung. Seine Alternative war Correctur auf besseren Grundlagen, oder keine Correctur, letzteres fiel natürlich mit der schon bestehenden, alten Karte zusammen, und von diesem Punkte aus hat Strabo seinen sophistischen Angriff gesponnen. Dass er Hipparchs Gedanken eigentlich begriff, sich aber nur nicht zu ihm erheben konnte oder mochte, beweisen die Schlussworte der von uns angeführten Stelle, die treffend, wie nirgend weiter, das gegenseitige Verhältniss beider Männer von Strabos Standpunkte aus zusammenfasst.

Denselben Gedanken Hipparchs hat Strabo kurz vorher schon vorgebracht:

　　　　　Il. Frgm. 3. Strab. II. C. 69.

— ἀπίθανον δήπου νομίζει τὸ μόνῳ δεῖν πιστεύειν Πατροκλεῖ, παρέντας τοὺς τοσοῦτον ἀντιμαρτυροῦντας αὐτῷ[1]) καὶ διορθοῦσθαι παρ' αὐτὸ τοῦτο τοὺς ἀρχαίους πίνακας, ἀλλὰ μὴ ἐᾶν οὕτως, ἕως ἄν τι πιστότερον περὶ αὐτῶν γνῶμεν.

　　　　　II. Fragm. 4. Strab. II. C. 77.

— ἐπεὶ δὲ ὁ Ἵππαρχος οὐδὲν ἀντειπὼν τῇ ὑποθέσει ταύτῃ[2]) νυνί, μετὰ ταῦτα ἐν τῷ δευτέρῳ ὑπομνήματι οὐ συγχωρεῖ, σκεπτέον καὶ τοῦτον τὸν λόγον. φησὶ τοίνυν ἀνταιρόντων ἀλλήλοις [τῶν] ἐπὶ τοῦ αὐτοῦ παραλλήλου κειμένων, ἐπειδὰν τὸ μεταξὺ ᾖ μέγα διάστημα, μὴ δύνασθαι γνωσθῆναι αὐτὸ τοῦτο ὅτι εἰσὶν ἐπὶ τοῦ αὐτοῦ παραλλήλου οἱ τόποι, ἄνευ τῆς τῶν κλιμάτων συγκρίσεως τῆς κατὰ θάτερον τὸν

---

1) 8. Frgm. IX. 2.　　2) Vrgl. Frgm. VII. 4 ff.

τόπον. τὸ μὲν οὖν κατὰ Μερόην κλίμα[1]) Φίλωνά τε τὸν
συγγράψαντα τὸν εἰς Αἰθιοπίαν πλοῦν ἱστορεῖν, ὅτι πρὸ
κίνετε καὶ τετταράκοντα ἡμερῶν τῆς θερινῆς τροπῆς κατὰ
κορυφὴν γίνεται ὁ ἥλιος, λέγειν δὲ καὶ τοὺς λόγους τοῦ
γνώμονος πρός τε τὰς τροπικὰς σκιὰς καὶ τὰς ἰσημερινάς,
αὐτόν τε Ἐρατοσθένη συμφωνεῖν ἔγγιστα τῷ Φίλωνι, τὸ δ᾽
ἐν τῇ Ἰνδικῇ κλίμα μηδένα ἱστορεῖν, μηδ᾽ αὐτὸν Ἐρατοσθένη.

II. Fragm. 5. Str. II. C. 76.

— εὐθύνει πάλιν οὐκ εὖ ὁ Ἵππαρχος — — — — οὐκ
οἰόμενος δεῖν μάρτυρι χρῆσθαι τῶν μαθηματικῶν ἀναστρο-
λογήτῳ ἀνθρώπῳ.

Es ist nach den vorausgegangenen Bruchstücken leicht, Hipparchs Ansichten über die bestehende Geographie, seine Forderungen an dieselbe für die Zukunft kurz zusammenzufassen. So
sind sie auch im Ganzen von jeher verstanden worden, man kann
allerwärts lesen, Hipparch habe astronomische Längen- und Breitenbestimmungen gefordert, aber meistens schuld das Missverständniss über das Verhältniss Hipparchs zu einem Theile des
von ihm in der Kritik verarbeiteten Materials die Verfolgung seiner
Ideen ab, theils traute man ihm die Annahme und Befolgung
seiner eigenen Grundsätze nicht zu, und so ist eine etwas schat-
tenhafte Figur des Geographen Hipparch entstanden, halb ein
mürrischer Tadler, wozu ihn Strabo gestempelt hatte, halb ein
merkwürdig inconsequenter Mann, der ein ideales Bild der Geographie hinstellte, nur um es durch eine Karte, die eben so
falsch ausfallen musste wie die seiner Gegner und Vorgänger,
gleich wieder zu verleugnen.

Hipparch verlangte also für alle massgebenden Punkte der
Karte astronomische Längen- und Breitenbestimmungen. Für die
Breitenbestimmung boten die Himmelserscheinungen vielerlei Anhaltepunkte. Wir werden diejenigen, die Hipparch berücksichtigt haben wollte, es waren ihrer ungefähr neun, vollständig geben
in der Darstellung seiner Vorarbeiten für die Geographie[2]). Er
nennt sie hier allgemein zusammenfassend: ἡ τῶν οὐρανίων
ἐπίκρισις, ἡ τῶν κλιμάτων ἐπίσκεψις (σύγκρισις) und führt
von einzelnen Beobachtungen ausserdem an: die Gnomenzahlen,

---

1) S. Fgrm. V. 3⁴. 2) Vrgl. Fgrm. IV. 5.

das Verhältniss des längsten und kürzesten Tages, die Sonnenhöhe[1]). Für die Längenbestimmung vermochte er zuvörderst kein
Hilfsmittel zu schaffen, ausser der Angabe des Zeitunterschiedes
im Eintritt und Verlauf der Finsternisse nach verschiedenen Be-
obachtungspunkten, ein Mittel, das genügend benutzt, vollständig
ausreichte und uns zugleich durch die offenbare Nothwendigkeit
der Betheiligung Vieler zu seiner Förderung weiter führt auf
eine zweite Forderung Hipparchs, welche nicht direct ausgesprochen, doch aus anderen Umständen sich ergiebt. Er verlangte vom Geographen gründliche astronomische Kenntnisse, Sorge
für Verbreitung der elementarsten astronomischen Dinge und Hin-
arbeiten auf Anbahnung systematischer Ausbeutung der grossen
Gesammtarbeit zu Gunsten des allmäligen, sicheren Ausbaues der
Erdkunde. Die von der Geographie hinfort unlösbaren astronomischen Grundlagen machten das Erstere sofort zur Bedingung,
wie es im Fragment II. 1. angedeutet ist; die beiden sodern
Punkte enthielten den einzig möglichen Weg zur Verwirklichung
und Förderung des idealen Gedankens. Nur eine von vorn herein
durch wissenschaftliche Führung organisirte Benutzung der im
Grunde schon vorliegenden Gesammtarbeit, konnte eine halbwegs
hinreichende Menge sicherer Daten, namentlich Längenbestim-
mungen zusammenbringen, und diese Organisation der Kräfte ist
nach dieser Richtung hin der neue Gedanke Hipparchs, während
die Vorgänger, ohne die Hand im Spiele zu haben, ausser dem,
was sie selbst von mühsamen Reisen und Expeditionen mitbringen
konnten, zufrieden sein mussten mit dem, was ihnen von der
Welt des Verkehrs geboten wurde. Hipparch konnte seine Au-
forderungen der Zeit nicht bieten, wenn er nicht zugleich die
Pforte dieses Gedankens geöffnet hätte. Die Ausarbeitung der
sorgfältigen, ausserordentlich erleichternden Tabellen, die es auch
dem Laien möglich machten, bei nur einigem Verständniss von
der Sache das Seinige redlich beizutragen, muss zu dieser Annahme führen, die sich schon bei Gossellin (recherch. s. l. géogr.
d'Hipp. p. 1—4) völlig ausgearbeitet vorfindet.

Einen solchen Weg zeigen hiess natürlich den alten strenge
verpönen. Von den Reisemaassen der Schiffsleute und Landreisenden,

1) Ueber das angeführte Beispiel von Babylon und Alexandria
vrgl. Fragm. Reihe IV. Niceph. Blemm. p. 19 (Spohn).

die, wenn es sich um ferne, selten besuchte Gegenden oder weite
Abstände handelte, im schlimmen Falle mehr Aufschluss gaben
über die Beschaffenheit von Weg und Wind, als über wahre Entfernung, die erst in einer ganz unsicheren Reduction auf die
gerade Linie dem Geographen zu einem Factor wurden, mit dem
er in ungefähren Ueberschlägen rechnen konnte[1]; von den
schwankenden Richtungsangaben derselben Leute, von den trüg-
lichen Schlüssen auf die Breite eines Ortes nach Temperaturver-
gleichung, dem Auftreten gewisser Merkmale im Thier- und Pflan-
zenreiche, diesen Hilfsmitteln, welche Strabo ausdrücklich betont[2]
und die Eratosthenes hinlänglich in Anwendung gebracht hatte,
wollte Hipparch nichts mehr wissen, seit es möglich war, die
Breite des Ortes am Himmel abzulesen, die Längen astronomisch
zu berechnen. Dasselbe war aber auch schon möglich und eingeführt gewesen zur Zeit des Eratosthenes. Auch sein geogra-
phisches System war zum Theil ein Product der fortgeschrittenen
Mathematik gewesen, fusste auf einer Ausmessung des Erdballes,
die Hipparch als richtig angelegt selbst seinen Vorarbeiten ein-
verleibte[3]. Er, Eratosthenes, kannte und schätzte so gut wie
Hipparch die astronomischen Breitenangaben des Pytheas, der
fast ein Jahrhundert vor ihm gelebt und geschrieben hatte[4], und
diese erwiesene Möglichkeit der astronomischen Begründung für
die Geographie, die Begeisterung für seine Wissenschaft, die hier
eine andere zur Vollendung emporheben konnte, haben den grossen Hipparch, der von seinem ideal-theoretischen Standpunkte
die praktischen Verhältnisse seiner Zeit, ihre Neigungen und Bedürfnisse wohl zu günstig sah, wie zu überschwänglichen Forderungen, so zur Verdammung des Eratosthenes getrieben. Hipparch war kein Mann leichthin einen Gedanken in die Welt zu
posaunen, es war nicht seine Art, ohne reife Gründe und in
schäumender Ueberhebung zu tadeln[5], er konnte aber in der
gemischten Methode des Eratosthenes, wenn wir sie so nennen
dürfen, keinen wirklichen und folgerichtigen Fortschritt erblicken;

1) Vrgl. Ptol. geo. I. cap. 2, §. 4.   2) Vrgl. I. C. 71.   3) Vrgl.
Strab. I. C. 62. 113. u. Frgm. III. 1—4.   4) Vrgl. Lelewel, Pytheas
und die Geogr. seiner Zeit. Uebers. u. mit Anmerkungen versehen v.
Dr. S. F. W. Hoffmann. Lpzg. 1838. Bessell, Pytheas.   5) Vrgl.
das Urtheil des Ptolemäos und Hipparchs eigene Worte 8, 9 u. 10.

er konnte aus seinem eigenen Ideenkreise heraus als Grund für
die Art, wie Eratosthenes sein Vorhaben löste, nur Beschränkt-
heit oder Sucht nach dem Ruhme des vollendeten Werkes finden
und stellte dessen Karte daher vorerst gleich niedrig mit den
alten Karten, die Eratosthenes überboten zu haben glaubte. Wenn
er sie aber weiter ganz aus der Reihe der Geographie gestrichen
wissen wollte, so mag dies seinen Grund gehabt haben theils in
den Consequenzen des Vorwurfs, der mathematisch und astronomisch gebildete Eratosthenes habe wider besseres Vermögen die
alte, trügliche Art der geographischen Ortsbestimmung beibehalten
und sich trotzdem umgestaltende Correcturen erlaubt, theils darin,
dass er ihm allerdings Irrthümer und Widersprüche nachweisen
konnte[1]), am wenigsten aber in den wirklichen Resultaten der
Vergleichung der alten Karte mit der Eratosthenischen, die immer nur von untergeordneter Bedeutung bleibt, denn Hipparch
geht in dieser Vergleichung auf weiter nichts aus, als seinen
Gegner durch eigene Quellen und Annahmen zu überführen und
die Begründung seiner Correcturen anzufechten. Dies und weiter
nichts ist der wiederkehrende Inhalt der Stellen, die Strabo als
Belege für eine Vertheidigung der alten Karten von Seiten Hipparchs beibringt. Keine zeigt Spuren eines wirklich directen
Beweisversuches für die Vorzüglichkeit derselben. Die Vergleichung trat eben nur gelegentlich auf, wo sie die Angriffe gegen
die Correcturen an die Hand gaben, und wurde nicht etwa durch-
geführt, wie man aus Strabos Worten entnehmen kann:

9   Fragm. II. G. Strab. II. C. 71.

— τίς δ' ἂν ἡγήσαιτο πιστοτέρους τῶν ὑστέρων τοὺς πα-
λαιοὺς τοσαῦτα πλημμελήσαντας περὶ τὴν πινακογραφίαν,
ὅσα εὖ διαβέβληκεν Ἐρατοσθένης, ὧν οὐδενὶ ἀντείρηκεν
Ἵππαρχος.

Karten, von denen wir wenig wissen, müssen nun allerdings
schon in der voraristotelischen Zeit in Menge existirt haben[2]).
Die, welche Hipparch meinte, haben wenigstens einiges mit den
Ansichten des Aristoteles gemein gehabt[3]). Auf das wenige, was
wir gegenwärtig darüber sagen können, kommen wir am Schlusse

1) Vrgl. Frgm. Reihe X.   2) Vrgl. Aristot. met. I. 13; Diog. Laert.
V. 9; 14. Aelian. var. hist. III. 28. Aristoph. nub. 209 ff.   3) S. Frgm.
VIII. G.

zurück. Mit dem Hinweis auf diese Karten aber, welche er als letzte Stufe vor seiner Geographie der Zukunft festgehalten wissen wollte, pflegte er dem Bedürfnisse einer fertigen Karte zu begegnen vor der Vollendung der neuen, wie die Worte Strabos II. C. 90[1]), wo derselbe dem Hipparch vorwirft, er biete für die verworfene Karte des Eratosthenes keinen Ersatz, wie er, Strabo selbst, thue, sondern empfehle nur die alten, wenn ihm ja einmal der Gedanke an das Bedürfniss nahe trete, deutlich darthun.

Strabo sah freilich die Geographie mit ganz andern Augen an, als Hipparch. Er hat seine Ansicht darüber, was von der Geographie zu verlangen sei, und wie weit sie gehen dürfe, kürzlich auf Seite 1. ausgesprochen, von C. 8—14 (vrgl. C. 110—112 ff.) weitläufig ausgeführt. Während er im allgemeinen Hipparch, Eratosthenes, Polybius, Posidonius der Entgegnung werth bezeichnet[2]), so scheint ihn der Gegensatz zu dem erstgenannten insbesondere zu und bei dieser Deduction in Bewegung gesetzt zu haben, obgleich er ihn namentlich dabei nicht hervorhebt. Die Ansicht, die sich in den meisten Punkten als der seinen entgegengesetzt ergiebt, passt auf Niemand, als auf Hipparch. An einer Stelle[3]) sind es nicht Ansichten und Bedingungen, sondern bestimmte Arbeiten Hipparchs, welche Strabo gegentheilig erwähnt, Arbeiten, die ein erwünschtes Supplement bieten zu den Phänomenen, auf die sich Hipparch in den Breitenberechnungen stützte.

Strabo geht von der Forderung aus, die Geographie müsse nutzbar sein, dem Herrscher, dem Feldherrn, dem bürgerlichen Reisenden und Kaufmanne an die Hand gehen, dem nach Bildung strebenden Mittel zur Belehrung, wie Unterhaltung bieten. Der Nutzen aber sei die Hauptsache: μέτρον δ' αὕτη μάλιστα (ἡ χρεία) τῆς τοιαύτης ἐμπειρίας. Demgemäss fordert er fertige, brauchbare Landkarten und eine allgemeine Länderbeschreibung, dargelegt in Kenntniss der Lage und Ausdehnung, der Ortschaften, des Klimas, der Pflanzen und Thiere, der Bodenbeschaffenheit, der Bewohner, ihrer Sitten und Gebräuche, ihres Handels, ihrer Regierungsform, ihrer Geschichte. Er fordert von jedem, der Geographie treibt, wohl auch schreibt, die allgemeinsten physi-

---

1) ἐκεῖνος δ' εἰ καί που τούτου παφφόντειε, κελεύει ἡμᾶς τοῖς ἀρχαίοις πίναξι προσέχειν κ. τ. λ. s. Frgm. VI. 2[b]. 2). Vgl. Strab. I. C. 14. Frgm. VI. 1[b]. 3) Vrgl. Frgm. IV. 6.

kalischen, astronomischen, mathematischen Vorkenntnisse. Hier
aber lenkt er ein, um das, was er für Uebermass hält, zunächst
abzuwehren. Es giebt Physiker, Astronomen, Geometer, bei denen
muss man sich Raths erholen; man muss sich auf sie verlassen
($\pi\iota\sigma\tau\epsilon\acute{\upsilon}\sigma\alpha\iota$ $\delta\epsilon\tilde{\iota}$ C. 110). Sie bieten Grundlagen für die Geographie, sollen ihrerseits aber nicht selbst Hand an dieselbe legen,
oder, wenn sie es ja thun, sich dem (von ihm bestimmten) Um-
fange der Wissenschaft fügen.

Niemand hat nun nach Strabos Ansicht dies weniger gethan,
als Hipparch, so verdienstvoll der Mann auch sonst sein mag. Er
verlangt vom Geographen gründliche astronomische Kenntnisse,
von seinen Helfershelfern sogar eine Menge astronomischer Beobachtungen, dafür rückt er die ganze bestehende Karte aus den
Fugen, bietet ein leeres Blatt, auf welchem sich nichts vorfindet,
als unverrückbare astronomische Barrieren mit einer gar nicht
beachtenswerth geringen Anzahl geographischer Punkte, die wie
spärliche Inselhäupter aus einem wüsten Meere emporschauen.
Das bezeichnet aber Strabo als äusserst ungerechtfertigt und thö-
richt, ebenso wie den Ausweg, den Hipparch vorgeschlagen hatte
in der Voraussicht, seine Karte werde sobald noch nicht fertig
werden, die Verweisung auf die älteren Karten. Die Eratosthenische Karte schien dem Strabo zeitgemäss, eine hinreichende
Verbesserung der früheren Versuche, wenn sie auch noch Correcturen vertragen konnte. Sie war fertig und ausgeführt und
bot ihm ein grosses offenes Feld für die Einfügung seines grossen
historischen und naturwissenschaftlichen Materials, was ihm die
Hauptsache war. Er vertheidigte sie darum allenthalben in fei-
ner und gelehrter, freilich auch oft genug in blendender und
übenstechender Dialektik.

Auch die nächst Hipparch lebenden geographischen Schriftsteller wandten sich im Ganzen mehr der historischen und naturhistorischen Seite der Geographie zu. Die Befriedigung der
stets regen Neugier nach Kunde fremder Länder, das begreifliche
Streben nach Verwerthung eines mit Mühe und Gefahr gesam-
melten Stoffes, Nachrichten, die römische Heere mitbrachten und
verbreiteten, mögen insgesammt gewirkt haben, den Strom nach
diesem Bette zu leiten. Unter den Verhältnissen, die dem Hipparchischen Gedanken den Stempel des Unzeitgemässen aufdrücken,
war dies gewiss eines der wichtigsten. Hipparchs Tabellen wur-

den gelobt und bei Seite gelegt, die Längen- und Breitenbestimmungen blieben auf dem Boden der Reisemaasse stehen [1]). Posidonius, der sich durch seine Thätigkeit in der physischen und mathematischen Geographie grossen Ruhm erwarb, mag den Hipparch geschätzt haben als Astronomen, wohl auch als mathematischen Geographen, vielleicht als Kritiker des Eratosthenes, wie man am Ende daraus schliessen könnte, dass Cicero das Buch desselben zu Rathe zog, als ihn die Lust zur Geographie anwandelte, übrigens ging er aber seinen eigenen Weg, ebenso wie Geminus. Endlich rettete Strabo einen Theil seiner Breitentabelle, indem er denselben für seine Geographie zurecht machte, und eine geraume Zeit hinter ihm finden wir Marinus von Tyrus und seinen Nachfolger Ptolemäus, die den Gedanken Hipparchs aufnahmen und insofern zu realisiren versuchten, als sie benutzten, was sie von astronomischen Ortsbestimmungen ergreifen konnten, alle übrigen Punkte aber unter eine bestimmte Länge und Breite zwangen.

Nichts anderes, als seine Unkenntniss in astronomischen Dingen kann den Strabo entschuldigen, wenn er sagt: wie wir oben (S. 19.) sahen, Hipparch biete keinen Ersatz an Statt dessen, was er aufhebe. Hipparch bot freilich keine Karte mit neuen Irrthümern, aber er bot die sorgsam ausgearbeiteten Hilfsmittel zur Anfertigung einer Karte, welche die Gewähr voller Sicherheit und Genauigkeit in der Art und Weise ihrer Ausarbeitung selbst barg.

Die Vorarbeiten für die Geographie bestehen der Hauptsache nach aus der Klimatentafel für die Erleichterung der Breitenbestimmung und der Berechnung der bevorstehenden Finsternisse für die Ermöglichung der Längenbestimmung. Beiden legt er eine Gradeintheilung zu Grunde, welche auf der Eratosthenischen Erdmessung beruhte. Die Fragmente, aus denen diese Annahme der Eratosthenischen Erdmessung hervorgeht, sind folgende:

---

1) Vrgl. Forbiger I. S. 263. Die Tabelle der Längen- und Breitenausdehnung der οἰκουμένη nach Artemidor Plin. hist. nat. II. 108. Agathem. I. 4. und die Entfernungsbestimmungen desselben im Auszug des Marc. Heracleota.

Reihe III.

III. Fragm. 1. Strab. I. C. 62¹).

Εἰ δὲ τηλικαύτη (ἡ γῆ) ἡλίκην αὐτός (Ἐρατοσθένης)
εἴρηκεν, οὐχ ὁμολογοῦσιν οἱ ὕστερον οἰδ' ἐπαινοῦσι⁷) τὴν
ἀναμέτρησιν. ὅμως δὲ πρὸς τὴν σημείωσιν τῶν κατὰ τὰς
οἰκήσεις ἑκάστας φαινομένων προσχρῆται τοῖς διαστήμασιν
ἐκείνοις Ἵππαρχος ἐπὶ τοῦ διὰ Μερόης καὶ Ἀλεξανδρείας
καὶ Βορυσθένους μεσημβρινοῦ, μικρὸν παραλλάττειν φήσας
παρὰ τὴν ἀλήθειαν.

III. Fragm. 2. Strab. II. C. 113.

Τούτοις δὲ συνφδά πώς ἐστι καὶ τὰ ὑπὸ Ἱππάρχου
λεγόμενα· φησὶ γὰρ ἐκεῖνος, ὑποθέμενος τὸ μέγεθος τῆς γῆς
ὅπερ εἶπεν Ἐρατοσθένης, ἐντεῦθεν δεῖν ποιεῖσθαι τὴν τῆς
οἰκουμένης ἀφαίρεσιν· οὐ γὰρ πολὺ διοίσειν πρὸς τὰ φαινόμενα τῶν οὐρανίων καθ' ἑκάστην τὴν οἴκησιν οὕτως ἔχειν
τὴν ἀναμέτρησιν, ἢ ὡς οἱ ὕστερον ἀποδεδώκασιν. ὄντος δὴ
κατ' Ἐρατοσθένη τοῦ ἰσημερινοῦ κύκλου σταδίων μυριάδων
πέντε καὶ εἴκοσι καὶ δισχιλίων, τὸ τεταρτημόριον εἴη ἂν ἓξ
μυριάδες²) καὶ τρισχίλιοι· τοῦτο δέ ἐστι τὸ ἀπὸ τοῦ ἰσημερινοῦ ἐπὶ τὸν πόλον πεντεκαίδεκα ἑξηκοντάδων⁴), οἵων ἐστὶν
ὁ ἰσημερινὸς ἑξήκοντα, τὸ δ' ἀπὸ τοῦ ἰσημερινοῦ ἐπὶ τὸν
θερινὸν τροπικὸν τεττάρων· οὗτος δ' ἐστὶν ὁ διὰ Συήνης
γραφόμενος παράλληλος.

III. Fragm. 3. Strab. II. C. 132.

— ἀλλ' ἀρκεῖ τὰς σημειώσεις καὶ ἁπλουστέρας ἐκθέσθαι

1) Es wird in mancher Beziehung nützlich sein, wenn wir die massgebenden Stellen über die Eratosthenische Messung angeben: Cleome-
des κυκλικὴ θεωρία μετεώρων I. 10, p. 55, II. p. 80. Gemini Isag. cap.
XIII. Plin. h. n. II. 112. Marc. Heracl. pag. 35 ed. S. P. W. Hoffm.
Agathemer. II. 1 S. 344. Vitruv. I. 6, 9. Censor. de die nat. cap. XIII.
Macrob. somm. Scip. I. cap. XX. (ed. Bip.) Marc. Capella VI. pag. 203 u. VIII.
pag. 280 (ed. Eysenhardt). Achill. Tat. Isag. cap. 20 de sonis in Petav. Uranol. p. 154. Niceph. Blemm. pag. 19 (ed. Spohn).   2) Die Lesart der
Handschr. u. älteren Ausgaben: — οὐχ ὁμολογοῦσιν· οἱ ὕστερον δ' ἐπαι-
νοῦσι κ. τ. λ. hat Casaubonus corrigirt. Nach ihm Korny und die andern Herausgeber.   3) Vrgl. die oben angeführten Stellen des Geminus u. Achill. Tatius. In der letzteren im Uranologium ist einmal der
Fehler ,α ς', für ,β ς', die Stadienzahl eines Sechzigstels, stehen geblieben.   4) ἑξηκοντάδων für ἑξηκοστὰ σταδίων hat Siebenkees nach
Casaub. restituirt.

τῶν ὑπ' αὐτοῦ ('Ιππάρχου) λεχθεισῶν, ὑποθεμένοις, ὥσπερ
ἐκεῖνος, εἶναι τὸ μέγεθος τῆς γῆς σταδίων εἴκοσι πέντε μυριάδων καὶ δισχιλίων, ὡς καὶ Ἐρατοσθένης ἀποδίδωσιν· οὐ
μεγάλη γὰρ παρὰ τοῦτ' ἔσται διαφορὰ πρὸς τὰ φαινόμενα
ἐν τοῖς μεταξὺ τῶν οἰκήσεων διαστήμασιν. εἰ δή τις εἰς
τριακόσια ἑξήκοντα ἐμήματα τέμοι τὸν μέγιστον τῆς γῆς κύκλον,
ἔσται ἑπτακοσίων σταδίων ἕκαστον τῶν τμημάτων· —

   III. Fragm. 4. Strab. II. C. 82 [1]).

τὸ δέ γε ἀπὸ τοῦ δι' Ἀθηνῶν παραλλήλου ἐπὶ τὸν διὰ Βαβυλῶνος δείκνυσιν (Ἵππαρχος) οὐ μεῖζον ὂν σταδίων δισχιλίων τετρακοσίων, ὑποτεθέντος τοῦ μεσημβρινοῦ παντὸς τοσούτων σταδίων, ὅσων Ἐρατοσθένης φησίν.

   III. Fragm. 5. Almag. I. 1. pag. 49.

κατελαβόμεθα τὴν ἀπὸ τοῦ βορείου πέρατος ἐπὶ τὸ νοτιώτατον περιφέρειαν, ἥτις ἐστὶ ἡ μεταξὺ τῶν τροπικῶν
ἐμημάτων, πάντοτε γινομένην μζ' καὶ μείζονος μὲν ἢ διμοί-
ρου τμήματος, ἐλάσσονος δὲ ἡμίσους τετάρτου· δι' οὐ συνάγεται σχεδὸν ὁ αὐτὸς λόγος τῷ τοῦ Ἐρατοσθένους, ᾧ καὶ
Ἵππαρχος συνεχρήσατο· γίνεται γὰρ τοιούτων ἡ μεταξὺ τῶν
τροπικῶν ια' ἔγγιστα, οἵων ἐστὶν ὁ μεσημβρινὸς πγ'.

   Dazu Theon Alexandr.

καὶ οὗτος ὁ λόγος ὁ αὐτὸς σχεδὸν τῷ τοῦ Ἐρατοσθένους, ᾧ
καὶ Ἵππαρχος ἐχρήσατο, ὡς ἀκριβῶς εἰλημμένῳ· καὶ γὰρ ὁ
Ἐρατοσθένης διαιρήσας τὸν ὅλον κύκλον πγ' εὕρισκε τὴν
μεταξὺ τῶν τροπικῶν τῶν αὐτῶν[2] ια', καὶ ἔστιν ὡς ιξ'
πρὸς μζ' μβ' μ", οὕτως πγ' πρὸς ια'[3]).

---

1) Vgl. Frgm. V. 7.   2) Vgl. Bernhardy Erat. Frgm. XXXVII.
3) Vgl. Abendroth, Gradmess. S. 26. Abgeschen von der Autorität des
Theon und seiner bestimmten Angabe über die genauere Zahl des Era-
tosthones lässt der Ausdruck des Ptolemäus insofern Bedenken anfsteigen,
als es seiner Angabe der Schiefe der Ekliptik: grösser als 47⅔ (47°
40') aber kleiner als 47⅗ (47° 45') das Verhältniss 11:83 (47° 42' 40")
aufs Haar passt, so dass, wenn er dieses Verhältniss bezeichnen wollte,
die Worte σχεδὸν ὁ αὐτὸς λόγος nicht am Platze waren, die vielmehr
auf die runde Angabe von 48° hinzuweisen geeignet sind. Der letzte
Satz: γίνεται γὰρ u. s. w. wäre dann, wie er überhaupt nicht auf Eratosthenes bezogen werden muss, als noch beigefügte Erklärung des
Ptolemäus zu fassen. Hingegen lässt der Ausdruck Hipparchs in seiner Kritik des Aratos (Petav. Uranol. pag. 201: ὁ μὲν γὰρ θερινὸς τρο-

Ohne auf die Eratosthenische Messung selbst einzugehen ist es nur unsere Aufgabe, das Verhalten Hipparchs zu derselben zu beleuchten. Die Fragmente sprechen einstimmig aus, dass er sie benutzt habe, und wenn wir Hipparchs übrige Haltung gegen Eratosthenes mit dem Gange seiner Vorarbeiten zusammenhalten, findet sich, dass er dies that, weil er sie zwar mit einem unsichern Factoren berechnet, aber im Princip als richtig angelegt betrachtete, weil er ihr Ergebniss zwar für zweifelhaft, aber in einer gewissen Hinsicht für brauchbar und bequem hielt, die ganze Sache endlich nicht als einflussübend auf das Resultat seiner nächsten Arbeiten ansah (ὅμως δὲ προσχρῆται —, οὐ γὰρ πολὺ διοίσειν πρὸς τὰ φαινόμενα —, οὐ μεγάλη γὰρ παρὰ τοῦτ᾽ ἔσται διαφορά κ. τ. λ.)

Der Umfang des grössten Kreises der Erde belief sich nun nach der Berechnung des Eratosthenes, wie sie Kleomedes (κυκλ. θεωρία a. a. O.) angiebt, auf 250,000 Stadien, da die Entfernung von Alexandria bis nach Syene für ein Fünfzigstel des Erdumfanges genommen und auf 5000 Stadien gerader Entfernung geschätzt worden war. Statt dieser Zahl indessen wird fast von allen Schriftstellern, welche über die Messung berichten, die erhöhte Summe von 252,000 Stadien angegeben[1]. Schaubach (Griech. Astronomie bis auf Eratosthenes S. 278) lässt die Vermehrung durch Spätere, ohne Mitwissen des Eratosthenes geschehen. Abendroth (S. 37) hält ebenso für wahrscheinlich, dass Andere und dann jedenfalls Hipparch die Vermehrung vorgenommen haben[2]). Wir möchten diese Muthmassung, die ausser anderm namentlich das für sich hat, dass Hipparch bei Annahme der Messung wohl auf Brauchbarkeit, nicht auf Richtigkeit sah,

_ _

κικὸς τοῦ ἰσημερινοῦ βαρειδτερός ἐστιν μοιρῶν ὡς ἔγγιστα κδ᾽)[*] darob die beigefügte Beschränkung wohl auf eine solche genauere Kenntniss von seiner Seite schliessen.   1) Kleomedes nennt beide Zahlen, die eigentliche 250,000 da, wo er das Verfahren des Eratosthenes auseinandersetzt. Geminus, Vitruvius, Strabo, Plinius, Agathemerus, Censorinus, Macrobius, Achilles Tatius haben einstimmig die erhöhte Zahl. Ueber die abweichende Lesart des Marc. Heracleota s. die Note in S. F. W. Hofmanns Ausg. S. 35 ff. u. Abendroth, Darstellung und Kritik der ältesten Gradmessungen. Gym. Progr. Dresden 1866. S. 36.   2) Vrgl. Dr. W. Schäfer, Entwickelung der Ansichten des Alterthums über Gestalt und Grösse der Erde. Gym. Progr. Insterburg 1868. S. 21 ff.

doch nicht zur Annahme erheben, namentlich iu Erwägung dessen, dass Strabo, der ja die Kritik Hipparchs verfolgte und an
drei Orten (s. d. Fragmente) ziemlich eingehend dessen Ansicht
über die Erdmessung bespricht, kein Wort von dieser Vermehrung fallen lässt. Als Grund für die Vermehrung wird allgemein
angenommen das Bedürfniss einer durch 60 oder 360 leicht theil-
baren Zahl, wie die Zahl 252,000 wirklich ist, entstanden durch
die Hinzufügung von 40 Stadien zu einer in runder Summe gegebenen Entfernung von 5000 Stadien (Alexandria — Syene).
Seydel (Eratosth. p. 58) schreibt sie ohne weiteres dem Eratosthenes selbst zu.

Wir sehen indessen aus unsern Fragmenten, dass Hipparch
andere Messungen der Eratosthenischen gegenüberhalten konnte,
Messungen von Mathematikern der nacheratosthenischen Zeit.
Wer diese Männer gewesen, die Hipparch und Strabo mit οἱ
ὕστερον bezeichnen, wissen wir nicht. Es würde unfruchtbares
Beginnen sein, sie irgend welchem nur dem Namen nach bekannten Astronomen vindiciren zu wollen[1], und bei sorgfältiger
Vergleichung der Stellen über die Erdmessung drängt sich immer mehr der Gedanke auf, dass der Versuch zur Lösung dieses
Problems, nachdem er anfangs hie und da einzeln aufgetaucht[2],
nach und nach immer mehr und mehr in Angriff genommen
wurde, dass sich die von Eratosthenes befolgte oder erfundene
Methode nach und nach zu einer allgemeinen Formel gestaltete[3],
die nun, bei allmäliger Verbesserung der Instrumente einerseits
und stetem Zweifel über die Richtigkeit terrestrischer Entfernungen andererseits jeden Mathematiker von Fach aufforderte,
einen neuen Werth einzusetzen und sein Resultat mit den übrigen zu vergleichen, oder auch für das allein richtige zu halten.
So erklärt sich vielleicht der Tadel, den die Späteren über die
Messung des Eratosthenes aussprachen. Die in dieser Frage nicht
selten angezogene Stelle des Horaz[4] scheint am füglichsten die

1) Vrgl. Cic. de divinat. II. 42. Mannert Einl. S. 105, dann Abendroth, Gradmess. S. 16.   2) Arist. de coelo II. 14. Archimed. arenar.
pag. 9 (ed. Wallis, Oxon. 1676). Cleom. cycl. theor. a. a. O. Aristoph.
nub. 203 ff.   3) S. besonders die Messung des Posidonius Cleom. cycl.
theor. I. 10. Schol. ad Ptol. geogr. 1. 3; 3.   4) Carm. I. 28, 1. ad
Archytam.

Annahme zuzulassen, dass bei grosser Verbreitung des Problems die Laienwelt geneigt gewesen sei, sich die angestaunte Thätigkeit des Mathematikers durch dieses vielbesprochene Meisterstück zu charakterisiren.

Dass eine solche bedeutend vereinfachte Methode zu Hipparchs Zeiten bekannt war und gelehrt wurde, können wir aus den Worten des Scholiasten des Ptolomäus (s. o. Note 3.) ersehen, welcher unter andern sagt:

III. Fragm. 6. Schol. ad Ptol. geo. I. 3, 3.

— Τοὺς γὰρ κατὰ κορυφὴν ὄντας, καθὼς ἱμαρτυρήθη Ἱππάρχῳ καὶ αὐτῷ Πτολεμαίῳ, λαμβάνοντες καὶ τὰς μεταξὺ διαστάσεις ὅσων εἰσὶ μοιρῶν, εὑρήσομεν, τίνα λόγον ἔχει πρὸς τὸν μέγιστον κύκλον, ὁμοίως καὶ ἐπὶ τῆς γῆς· ὁμοίας γὰρ περιφερείας περιέξουσιν ὅ τε τῶν οὐρανίων κύκλος καὶ ὁ ἐν τῇ γῇ γραφόμενος. — — εὑρόντες γὰρ τὴν πρὸς ἀλλήλους τῶν ἀστέρων διὰ τοῦ μετεωροσκόπου πόσας μοίρας ἀφεστήκασι, ἔξωμεν καὶ ἐν σταδίοις πόσον ἀφεστήκασιν. ἐν γὰρ τοῖς δοθεῖσι τόποις γινόμενοι καὶ λαβόντες τὰ κατὰ κορυφὴν διὰ τοῦ ὀργάνου, εὑρήσομεν κἂν τῇ γῇ τὸ αὐτὸ διάστημα ἀπέχοντες, ὅσον καὶ ἡ ὑποκειμένη ἑκάστη μοῖρα ἔχει τὸν σταδιασμόν, καὶ οὐκ ἔστι χρεία ποιεῖν τὸν λόγον πρὸς τὴν περίμετρον τῆς ὅλης γῆς· τοῦτο δὲ ἔσται, ἐὰν καὶ μὴ ἐπ' εὐθείας καὶ ἰθυτενὴς ᾖ ἡ ὁδὸς ἡ δοθεῖσα.

Dass man freilich noch nicht so weit war, wie der Scholiast, der von der Vergleichung des Bogens auf der Erde mit dem ganzen Kreisumfange zu Angabe der Entfernung in Stadien abrechen konnte, weil er sich an eine gewisse Stadieneinheit für den Grad bereits gewöhnt hatte, sieht man am besten aus den oben (S. Fragm. III, 2, 3.) hervorgehobenen Ausdrücken Hipparchs über die Messung des Eratosthenes und ihr Verhältniss zu anderen.

Ptolemäus sagt ferner selbst in dem angeführten Capitel (I. 3.), dass alle vor ihm sich zu solcher Berechnung des Meridians bedienen zu müssen geglaubt hätten, und dass er selber erst das Instrument erfunden habe, mittelst dessen man jederzeit jedes beliebigen grössten Kreises Neigung zum Meridiane mit in Rechnung ziehen könne. Somit standen denn den Erdmessern zur Zeit Hipparchs dieselben Klippen im Wege, wie denen zur Zeit des Eratosthenes. Sie waren auf den Meridian angewiesen, den man gleichwohl noch nicht mit Sicherheit zu ziehen

im Stande war. Dazu konnte man eine grosse Strecke nicht
sicher auf ein genaues Wegmaass redaciren, je kleiner aber wiederum die Entfernung angenommen wurde, desto schwieriger
wurde die Bestimmung der Differenz in den Himmelserscheinungen.
Hipparch sah, dass ein genügendes Resultat nicht zu forciren
sei und umging daher die Klippe durch einstweilige Annahme der
Eratosthenischen Messung unter gewissen Verwahrungen, deren
Spuren Strabo noch überliefert. Er hatte dabei die Ueberzeu-
gung auf indirectem Wege durch Aufstellung seiner Tabellen auch
für die Lösung dieses Problems zu arbeiten.

Nicht zu vereinbaren mit den früheren Angaben ist die des
Plinius [1]).

III. Fragm. 7. Plin. hist. nat. II. 108.

Hipparchus et in coarguendo eo (Eratosthene) et in reliqua
omni diligentia mirus adfit (mensurae Eratosthenis) stadiorum
paullo minus XXVI M.

Es sind viele Versuche gemacht worden, die Stelle zu erklären. Bailly leitete daraus eine Verminderung der Eratosthenischen Zahl durch Hipparch ab, d'Anville eine Vermehrung derselben um 25,000 auf Grund eines besser gezogenen Meridians;
Ukert vermuthet, Hipparch habe, wie er die alten Karten vor-
zog, so auch in Rücksicht auf eine ältere Messung (die von Archimedes im Sandmann erwähnte s. o.) von 300,000 Stadien sich
zu einer Mittelzahl von etwa 277,000 entschlossen, ein Verfahren,
das abgesehen von dem Stillschweigen Strabos dem Hipparch
wohl nicht zuzutrauen war. Gosselin meint, Plinius habe den
Eratosthenes und Hipparch, deren Schriften er compilirt, oft gar
nicht recht verstanden; das sehe man an dem Aufheben, welches
er über Dinge mache, die seinem Zeitalter nicht wunderbar erscheinen durften. Sein Ausdruck selbst sei unbestimmt, er habe
alle andern Autoren gegen sich, und somit sei anzunehmen, Plinius habe sich geirrt [2]). Mannert, Forbiger, Abendroth, Schäfer
geben ihr Urtheil ebenfalls dahin ab, und diese Annahme scheint

---

1) Vergl. Gosselin rech. p. 8. Die dort angeführten Hypothesen
Bailly's und D'Anville's. Mannert, Einl. S. 89. Forbiger I. S. 104.
Ukert I. 2. S. 47. Abendroth, Gradmess. S. 88. Schäfer, Entwicke-
lungen etc. S. 23.   2) Er giebt indessen noch zu, vielleicht sei die
Zahl des Marc. Heracleot. (259,200) hier in Betracht zu ziehen.

zur Zeit die einzig mögliche, denn Hipparch konnte, wie Abendroth richtig hervorhebt, ohne dass Straho sie erwähnt hätte, keine Correctur der Eratosthenischen Messung vornehmen, nicht einmal eine absolute Bevorzugung einer anderen Messung; Hipparch konnte, wie die Sachen damals standen, keine eigene Erdmessung veröffentlichen, ohne sich der Waffen, die er gegen Eratosthenes führte, zu entäussern, denn er hätte eben auch eine auf unsichern Maassen beruhende terrestrische Entfernung zu Grunde legen müssen. Fast könnte man sich versucht sehen, zu vermuthen, Plinius habe sich Notizen gemacht, und mit diesen, soweit sie sich auf gegenwärtige Stelle erstreckten, sei ihm ein Unglück passirt; die Bemerkung von den durch Hipparch beigefügten 26,000 Stadien gehöre in die vorhergehende Besprechung der Breite der bewohnten Erde, und die betreffende Stadiensumme (26,000) sei der Abzug der Breite, die entweder Eratosthenes (38,000) oder Artemidor (36,600 oder 37,600) derselben gaben, von dem Stadieninhalte des Tetartemorions (63,000), welches Hipparch in seiner Breitentabelle in 90 Grade theilte und ganz berechnete. So führt Plinius gleich vorher den Isidor von Charax an, der die Breite der οἰκουμένη nach Artemidor um 10,000 Stadien erhöht habe, und zwar mit sehr ähnlichen Worten (l. adjecit duodeciens centena millia quinquaginta usque ad Thylen), nur ohne das Lob, zu welchem ihn ein Blick auf die Reichhaltigkeit der Hipparchischen Tabelle beim Sammeln der Notizen leichtlich begeistert haben konnte. Auch ist die Angabe der Eratosthenischen Zahl für den grössten Kreis in einer Weise an die das ganze vorhergehende Capitel erfüllende Darstellung der Länge und Breite der bewohnten Erde angefügt, dass man in ihr eher eine Berechnung des ganzen Küstenumfangs dieser letzteren vermuthen müsste, wenn nicht die Berechnung des Eratosthenes anderwärther bekannte Thatsache wäre, und nebenbei die folgende Erzählung von dem Briefe des Dionysodor aus der Unterwelt den eigentlichen Gedanken an die Hand geben könnte. Wunder mag es auch nehmen, dass weder der älteren Erdmessungen, noch der des Posidonius mit einem Worte gedacht wird.

Wir ersehen weiter aus unserm vorstehenden Fragmente, mit welchem noch Strab. II. C. 71 zu vergleichen ist, dass Hipparch den Meridian des Eratosthenes benutzte und benutzt wissen wollte, unter denselben Verwahrungen natürlich, wie die Erdmessung, da er

Ihn nicht für richtig gezogen hielt, wie die Worte μικρὸν παραλλάττειν φήσας παρὰ τὴν ἀλήθειαν besagen. Diese Worte sprechen aber nicht einen allgemeinen Zweifel aus, sondern sie beziehen sich offenbar auf ein specielles Datum, welches den Hipparch in den Stand setzte, die Fehlerhaftigkeit irgendwo nachzuweisen. Nach seinen Hilfsmitteln aber konnte er dies nur, wenn er den von zwei Punkten des angenommenen Meridians aus beobachteten Eintritt einer Finsterniss kannte, das war aber leicht möglich, denn zwei solche Beobachtungen aus Rhodus und Byzanz, oder Nicäa, oder Alexandria waren wohl zu erhalten, und auch wenn sie nicht aufs genaueste angegeben waren, hinreichend, den Fehler zu constatiren. Dass Hipparch diesen Meridian zunächst festhalten wollte, wie er sich auch weiterhin besondere Mühe gab mit der Feststellung des bisher als Hauptparallel betrachteten Breitenkreises von Rhodus, darf nicht Wunder nehmen, da diese beiden Linien die bekanntesten Gegenden durchschnitten und für Sammlung astronomischer Beobachtungen hier natürlich die beste Gelegenheit war.

Wir gehen nun weiter, um die Thätigkeit Hipparchs für Aufstellung der ihm nothwendig erscheinenden Grundlagen der neuen Karte zu besprechen und durch die hierhergehörigen Fragmente nachzuweisen.

Die Fragmente sind wie die andern der Hauptsache nach durch Strabos Hand gegangen, der seinem eigenen Geständnisse nach davon nicht mehr überliefert hat, als seine specielle Ansicht über den Umfang der Geographie erforderte, ja gestattete[1]). Aber auch das, was er überlieferte, ist nicht rein Hipparchisch geblieben, sondern mit Strabos eigenen Angaben versetzt und in dessen fortlaufende Darstellung bloss eingewebt, wie sich an einzelnen Stellen zeigen wird.

Hipparch verfuhr folgendermassen. Er nahm die Erde als Kugel, ohne zu fragen, wie weit sie bewohnt sei oder nicht, theilte den Bogen des Meridians vom Aequator bis zum Pole nach der Theilung von 360°[2]) in 90 Grade (s. Fragm. V. 1, 2.), nahm

---

1) Vrgl. Strab. II. C. 133. Fragm. V. 1, 2. 2) Brandis (Münz-, Maass- und Gewichtssystem von Vorderasien bis zur Zeit Alexanders. S. 21) stellt es als wahrscheinlich hin, dass Hipparch diese Theilung aus seiner Benutzung der babylonischen Beobachtungen geschöpft und als der erste Grieche eingeführt habe. Vrgl. Forbiger I. S. 543.

für jeden Grad einen Parallelkreis an und berechnete für einen
jeden derselben die ihm eigenthümlichen Himmelserscheinungen.
Aus dem, was uns erhalten ist, lässt sich ersehen, dass er dabei
folgende Punkte berücksichtigt habe[1]): Dauer des längsten Tages;
Grenze der immer sichtbaren Gestirne; relative Lagenverhältnisse
zu den andern Kreisen; Auf- und Untergang der Sternbilder;
besondere Punkte im Zenith; Polhöhe, Sonnenhöhe, allgemeine
Schattenverhältnisse (?) und Gnomonzahlen.

Bessell (Pytheas S. 51, 52) nimmt an, die Phänomene der
Hipparchischen Grade und Graddistanzen seien wirkliche Beobachtungen, die sich jener verschafft haben müsste, wie für den
Norden die des Pytheas. Dieser Ansicht gegenüber müssen wir
uns darauf stützen, dass es eine Unmöglichkeit gewesen wäre,
so viele zuverlässige astronomische Angaben zusammenzubringen,
um 90 Grade so reichlich und gleichmässig damit auszustatten,
wie es Hipparch nach Strabos mehrfach kundgegebenem Zeugnisse
gethan hat[2]), und dass ihm namentlich in der gleichfalls und
ebenso wie die andern berechneten Entfernung vom Aequator bis
zur Zimmtküste (Strab. II. C. 132.) gar keine überlieferten Beobachtungen vorgelegen haben können (Strab. II. C. 95). Zweifellos ist es, dass Hipparch die Beobachtungen des Pytheas sammt
und sonders in seine Tabelle, wie seine eigenen und die des
Philo[3]), aufnahm, d. h. als erste geographische Punkte fixirte,
denn es ist mehr als glaublich, dass gerade diese Angaben des
Pytheas wie dessen ganzes Verfahren einen entscheidenden Einfluss auf Hipparch gehabt haben. In der von Bessell hier benutzten Stelle Strabos aber (II. C. 113) können wir nichts weiter
erblicken, als einen Grund Hipparchs dafür, dass es (bis auf Be-

---

1) Man vergleiche dazu das Verfahren, welches Ptolemäus im zweiten Capitel des ersten Buches seiner Geographie auseinandersetzt. Es
giebt fast die ganze Hipparchische Lehre wieder. Dass das Capitel
nicht etwa lauter neue Erfindung des Ptolemäus biete, zeigt der ganze
Zusammenhang, der z. B. auch die Grundsätze der älteren Erdmessung
hervorhebt, die Alten besonders erwähnt (cap. 3, § 1) und ihnen (cap.
4, § 1) unleugbar die Theorie dieses Verfahrens zuschreibt, wenn auch
die praktische Durchführung, abgesehen von Hipparchs Versuche, ab-
spricht.   2) Vrgl. Fragm. V. 2. Strab. II. C. 132 u. 135.   3) Vrgl.
Fragm. V. 3[r]).

quemlichkeitsrücksichten) ganz gleichgiltig sei, welche der beiden
existirenden Erdmessungen man anwende.

Nebenher halten wir uns überzeugt, annehmen zu müssen,
dass Hipparch an der Absperrung der Erde durch die verbrannte
Zone nicht mehr festgehalten habe, obgleich Strabo einen Ausdruck von ihm beibringt, der zu widersprechen scheint (II. C.
72: *ἐπεὶ καθ' Ἵππαρχον αὐτὸν ὁ δι' αὐτῆς (τῆς Κινναμωμοφόρου) παράλληλος ἀρχὴ τῆς εὐκράτου καὶ τῆς οἰκουμένης
ἐστίν).* Die Stelle, auf die sich Strabo stützte, konnte sehr wohl
weiter nichts enthalten, als eine Erläuterung Hipparchs zur Lage
des betreffenden Parallels in Form der allgemein gebräuchlichen
Bezeichnung, konnte in den Theil der Kritik Hipparchs gehören,
wo dieser die Widersprüche der Eratosthenischen Entfernungszahlen verfolgt und sich zu dem Ende geflissentlich auf den Boden gewisser Angaben seines Gegners begiebt. Es wäre nicht
das einzige Mal, dass Strabo so ungerechtfertigten Gebrauch von
den Worten seines Gegners gemacht hätte[1]). War aber die Annahme der verbrannten Zone einmal ins Schwanken gerathen,
wie man aus dem Widerspruche, den Polybius[2]) gegen dieselbe
erhebt, schliessen kann, so dürfen wir sicherlich auch weiter annehmen, dass Hipparch, in Anbetracht der bei ihm zur Richtschnur gewordenen mathematischen Sicherheit, seiner persönlichen
Vorsichtigkeit, seines Misstrauens gegen die Annahme der alten
Geographie diese Frage, wie alle übrigen Fragen der Länderbeschreibung, bis auf scheinbare Anknüpfungspunkte im Verlaufe
der Kritik, der weiteren Forschung anheimstellte, vorsorglicher-
weise aber die neuere Ansicht gebührend berücksichtigte, wie
sich durch die Ausdehnung seiner Berechnungen bis zum Aequator darthun lässt[3]).

Besser konnte den Leuten, von denen man Breitenangaben
erwartete, nicht vorgearbeitet sein. Die einzelnen Punkte waren
zwar leichter oder schwerer zu beobachten und zu erforschen,
brauchten aber auch nicht alle beobachtet zu werden. Jeder
Mann mit allgemeiner Bildung konnte sich für gewisse Orte und
innerhalb der Gränzen griechischer Cultur wenigstens mit Leich-

---

[1]) Vrgl. zu Fragm. IX. 2[*].   [2]) R. Strab. I. C. 97. Gemin. isag.
c. XIII. Vrgl. Cleomed. cycl. theor. I. Cap. 6.   [3]) Vrgl. Strab. II. C.
132. Frgm. V. 2.

tigkeit über einen oder einige der gebotenen Anhaltepunkte Aufschluss verschaffen, die gefundne Erscheinung in der Tabelle aufsuchen und die Breite des Ortes angeben. Grössere und kleinere Fehler bis auf einen Grad und mehr waren dabei möglich wie überall, aber sie waren vorausgesehen. Kleine, bis auf einen halben Grad, mussten gestattet sein nach der allgemeinen Annahme, der auch Hipparch beitrat, der Horizont ändere sich nicht für gewöhnliche Beobachtung merklich innerhalb eines Gürtels von 400 Stadien[1]). Die Fehler mussten sich nach und nach ausgleichen, was aber die Hauptsache ist, sie waren isolirt.

In einer schwierigeren Stellung befand sich Hipparch der Längenbestimmung gegenüber, denn sein einziges Hilfsmittel für dieselbe waren die Beobachtungen der Finsternisse. Der Gang dieser Beobachtungen selbst musste in seinen Resultaten weniger sicher sein, denn er hatte keine Stützpunkte in parallelen Thatsachen, wie der der Breitenbestimmung. Aber trotzdem musste es doch auch so möglich werden, nach und nach immer grössere Stücke eines Meridians zu liefern und für andere sichere Punkte zu finden. Was dafür zu thun möglich war, bestand darin, selbst Beobachtungen über die Zeit des Eintritts der Finsternisse zu machen und machen zu lassen, Nachrichten darüber zu sammeln, in weiterer Folge auf solche Beobachtungen hinzuweisen, sie zu fördern und zu erleichtern.

Dass sich Hipparch nun mit diesem einzigen Hilfsmittel, den Finsternissen, in diesem Sinne beschäftigt habe, nachdem er so sorgfältig und umfassend für die Ermöglichung der Breitenbestimmung gesorgt hatte, liess sich unter allen Umständen erwarten. Die Fragmente, welche Zeugnisse dafür enthalten sind ausser Frgm. II. 1., welches direct darauf hinweist, folgende:

Reihe IV.

IV. Fragm. 1. Achill. Tat. isag. in phaen. cap. XIX. Uranol. p. 139 C.

Οὐχ ὅλου δὲ ἀλλὰ μέρους ἔκλειψις γίνεται, οὐ γὰρ δυνατὸν ἐλάττονα οὖσαν τὴν σελήνην πολὺ ὅλον ἀποκρύπτειν

---

1) Vrgl. Strab. II. C. 87. Gemini isag. cap. XIII. Petav. Uranol. variae dissertatt. lib. VII. c. XI ff. Proclus de sphaera cap. XI. (περὶ ὁρίζοντος).

τον ἥλιον. διὸ οὐ παρὰ πᾶσιν ἀνϑρώποις ἐκλείπειν δοκεῖ,
ἀλλὰ παρ' ἑτέροις ἄλλοτε. οἷον ἐν Συήνῃ καὶ 'Αλεξανδρείᾳ
καὶ 'Ελεφαντίνῃ ἅμα ἐκλείπειν. τοῦ γὰρ αὐτοῦ κλίματος
δοκεῖ ταῦτα τὰ χωρία εἶναι. ἐπραγματεύσαντο δὲ πολλοὶ
περὶ ἐκλείψεων ἡλίου κατὰ τὰ ἑπτὰ κλίματα, ὥσπερ Ἰἑρίων,
ὁ 'Απολλινάριος, Πτολεμαῖος, Ἵππαρχος. κλίματα δὲ εἴρηται
διὰ τὸ τὴν γῆν μὴ ὁμαλὴν εἶναι, ἀλλὰ ἔχειν οἷον ἐγκλίματά
τινα, ὑψηλοτέρων ὄντων καὶ ταπεινοτέρων τῶν μερῶν αὐτῆς
καὶ τὰς οἰκήσεις τῶν ἐθνῶν ἄλλης ἀλλαχοῦ εἶναι.

IV. Fragm. 2. Plin. h. n. II. 12.

Post eos utriusque sideris cursum in sexcentos annos prae-
cinuit Hipparchus, menses gentium diesque et horas et situs lo-
corum et visus[1]) populorum complexus, aevo teste haud alio modo
quam consiliorum naturae particeps.

Achilles Tatius vermengt in dem Worte κλίμα hier wohl
Länge und Breite. Der Ausdruck τὰ ἑπτὰ κλίματα und die beigefügte Erläuterung können sich nur auf Breite und die im Al-
terthum gebräuchliche Grundeintheilung in 7 (oder 8) Parallelen
beziehen[2]), das Beispiel aber, was er besonders hervorhebt, weist
gerade auf den Einfluss der Längenunterschiede auf die Finster-
nisserscheinungen hin. Plinius giebt vielerlei in einer zusammen-
gedrängten Darstellung, aus deren einzelnen Punkten sich wohl
erkennen lässt, wie Hipparch bemüht war, seine Tabelle zweck-
mässig, bequem und auch für die weitesten Kreise, nicht nur für
den Griechen brauchbar herzustellen. Wenn aber beide Stellen
an sich, da sie keinen Hinweis auf den Zweck der Arbeiten bieten,
sich nicht für eine directe Anwendung in vorliegender Frage
eignen sollten, so brauchen wir sie nur zusammenzuhalten mit
der von Hipparch geforderten Methode[3]) und mit dem daraus
entspringenden Bedürfnisse nach Finsternissbeobachtungen, wie
es Ptolemäus zugesteht (geogr. I. 4. § 2). Der Zweck, der in
Bayle dict. hist. et crit. v. Hipparque angeführt ist, er habe den
Menschen die Furcht vor solchen Erscheinungen benehmen wollen,
dürfte schwerlich der einzige Grund gewesen sein, der den Hipp-

---

1) Das ältere vicus hat schon Victorius in der 1563 erschienenen
Ausgabe so corrigirt und durch aspectus erklärt.   2) Plin. h. n. VI.
34. Niceph. Blemm. p. 20. Marc. Cap. VIII. p. 325.   3) Vgl. Frgm.
II. 1.

arch zu seinen Berechnungen trieb. Gosselin schon (Hipp. S. 8) hielt sie für Vorarbeiten zur Verbesserung der Geographie, und wir halten seine Ansicht für die reelle, denn die Finsternisstabellen allein konnten für die Längenbestimmung das bieten, was die klimatischen Tafeln für die Breite.

Dass Hipparch selbst Finsternisse für die Bestimmung der Länge schon angewandt habe, davon finden sich nur zwei schwache Spuren. Die erste da, wo wir annahmen, Hipparch habe die Ungenauigkeit des Meridians von Rhodus irgendwo nachgewiesen (s. S. 29), die andere knüpft sich an die von Ptolemäus (l. 4. § 2. s. o.) angeführte Finsterniss, für welche Beobachtungen aus Arbela[1]) und Carthago vorlagen. Dass sie Hipparch benutzt habe, ist nicht ausdrücklich gesagt, aber doch wohl dem Zusammenhange nach, der an die Bemühungen desselben um die Polhöhe anknüpft, einigermassen wahrscheinlich.

Hipparch täuschte sich gewiss keinen Augenblick über die Schwierigkeiten und Unmöglichkeiten, die der genügenden Sammlung solcher Beobachtungen im Wege standen und that mehr, als ein Mann, der sich mit Feuereifer und Verachtung aller Hindernisse in die praktische Bethätigung stürzte, je hätte thun können, indem er seine Zeitgenossen zur Gesammtthätigkeit aufforderte und ihnen erleichternde Grundlagen in die Hand gab.

Einen bestimmten Stadiasmus schon jetzt mit seinen Vorarbeiten in Verbindung zu setzen, seinen Anfängen zu Grunde zu legen, dazu hatte Hipparch eigentlich keinen Anlass, da er noch keinen als richtig anerkannte. Er hat es aber nebenher gethan, wie die „Fassung der Hauptstellen über Anwendung der Eratosthenischen Messung kundgiebt, weil er die Einführung eines solchen als nothwendiges Glied in der Kette seiner Vorarbeiten ansehen mochte und von der einstweiligen Anwendung eines ungenauen Maasses insofern nichts zu fürchten hatte, als bei unbedingtem Uebergewicht der astronomischen Bestimmungen die Stadienangaben einer eisernen Controle unterworfen waren, die endlich zur Berichtigung der ganzen Messungen führen musste.

Somit legte Hipparch vorläufig des Eratosthenes Maass neben seine Grade, deren nun jeder 700 Stadien fasste. In demselben

---

1) Vrgl. Plin. h. n. II. 70. Plut. Alex. c. 31. Seyffarth Berichtigungen, S. 31. Gosselin S. 4.

Sinne nahm er den Meridian als unsicher aber ungefährlich an, wir meinen nicht, dass er ihn gleich ohne weiteres mit allen seinen Punkten auf seine noch leere Karte hingezeichnet hätte, er wird vielmehr nur einige oder einen sichern Punkt, am wahrscheinlichsten Rhodus, zu Grunde gelegt, dem Meridian aber im Ganzen den Vorzug gegeben haben, weil derselbe, wie oben schon bemerkt wurde, die bekanntesten Orte der bekannten Welt durchschnitt.

Dass Hipparch auch den Gedanken zu einer Projectionsart gefasst und verfolgt habe, lehrt eine Stelle des Bischofs Synesius:

IV. Fragm. 3. Synesius de dono astrolabii (sermo ad Paeonium) ed. Petav. pag. 311.

Σφαιρικῆς ἐπιφανείας ἐξάπλωσιν, ταυτότητα λέγων ἐν ἑτερότητι τῶν σχημάτων τηροῦσαν, ᾐνίξατο μὲν Ἵππαρχος ὁ παμπάλαιος καὶ ἐπέθετό γε πρῶτος τῷ σκέμματι[1]).

Es ist kaum anzunehmen, dass Hipparch diesen Gedanken nicht auf die Geographie sollte ausgedehnt haben, aber weder die Fassung unserer Stelle, die von blossen Andeutungen spricht, noch sonst irgend ein Fingerzeig erlaubt uns, wie es Gossellin S. 48 ganz auf eigene Gefahr hin gethan hat, auf dem Wege der Hypothese eine Darstellung dieses Projectionsgedankens zu versuchen.

Am wahrscheinlichsten ist hiermit auch die Angabe des Agathemerus in Verbindung zu setzen:

IV. Fragm. 4. Agathemeri hypotypos. geogr. I. pag. 289 ed. S. F. W. Hoffmann.

Οἱ μὲν οὖν παλαιοὶ τὴν οἰκουμένην ἔγραφον στρογγύ-

---

[1] Vgl. Montucla hist. d. math. I. S. 274. Synesius übersendet einem gewissen Pāonius, einem vornehmen und gebildeten Offizier, als Geschenk eine gewölbte, silberne Tafel, auf der eine Karte des gewölbten Himmels ausgearbeitet war. Den beigefügten Erläuterungen nach scheint seine Projectionsart so gewesen zu sein. Vom Nordpole liefen die Koluren als (anscheinend) gerade Linien zum Rande, der wohl selbst dem Horizonte entsprach. Die Parallelen, ihre Anzahl ist nicht bestimmt, liefen concentrisch dünner gezogen als die 6 Hauptparallelen, mit Gradzahlen versehen, so aber, dass der Antarktikus grösser als die grössten Kreise erschien, die concentrische Erweiterung also über den Aequator hinaus fortgesetzt war und die südlichen Sternbilder auseinanderdehnte. Die Zwischenräume, die hier entstanden, hatte er mit sinnreichen Epigrammen geschmückt.

λην, μέσην δὲ κεῖσθαι τὴν Ἑλλάδα, καὶ ταύτης Δελφούς, τὸν ὀμφαλὸν γὰρ ἔχειν τῆς γῆς. Πρῶτος δὲ Δημόκριτος πολύπειρος ἀνὴρ συνεῖδεν, ὅτι προμήκης ἐστὶν ἡ γῆ, ἡμιόλιον τὸ μῆκος τοῦ πλάτους ἔχουσα. συνήνεσε τούτῳ καὶ Δικαίαρχος ὁ περιπατητικός· Εὔδοξος δὲ τὸ μῆκος διπλοῦν τοῦ πλάτους· ὁ δὲ Ἐρατοσθένης πλεῖον τοῦ διπλοῦ· Κράτης δὲ ὡς ἡμικύκλιον· Ἵππαρχος δὲ τραπεζοειδῆ· ἄλλοι οὐροειδή· Ποσειδώνιος δὲ ὁ στοϊκὸς σφενδονοειδῆ κ. τ. λ.

Ein Scholion zu den ersten Versen des Dionysius Periegetes bringt den ganzen Anfang des Agathemerus mit dem obigen Fragmente in etwas verstümmelter und verkürzter Form, vor τραπεζοειδῆ aber fehlt dort der Name. Es ist nichts anderes denkbar, als die Empfehlung einer Projectionsart und einer damit zusammenhängenden Kartenform von Seiten Hipparchs, worauf diese ganz vereinzelt stehende Nachricht Bezug haben könnte. Einige Wahrscheinlichkeit gewinnt dieser Zusammenhang auch einestheils durch die obige Angabe des Synesius, anderntheils dadurch, dass Strabo da, wo er seine Ansicht von der Gestalt der bewohnten Erde und dem Flächenumriss, der derselben zukomme, auseinandersetzt — die Hälfte der Oberfläche eines σπόνδυλος (II. C. 113) — ausdrücklich seine Uebereinstimmung mit Hipparch über diese Punkte hervorhebt. Hätte eine Bemerkung über die Gestaltung des Continents selbst zu Grunde gelegen, so wäre Hipparch im Gegentheile zu Strabos Ansicht in Gegensatz getreten.

Hiermit war das eigentliche System Hipparchs geschlossen. Es war vorgesehen für alle Fälle, und er trat nirgends aus den Schranken, die er sich und aller Geographie gesteckt hatte. Ein Punkt bestimmter Breite konnte als Grundlage für die Länge auf der Karte festgestellt werden; vereinzelt einlaufende Längen- oder Breitenangaben konnten einstweilen tabellarisch niedergelegt werden; die in den Rubriken für Länge und Breite zugleich befindlichen Orte aber sollten nunmehr ihren sicheren Platz auf der Karte finden.

Hipparch hat auch den nächsten Schritt gethan und einen Anfang gemacht mit den Arbeiten, die er verlangte und vorbereitet hatte. Sei es aber, dass die Schwierigkeiten, die der Ausführung seiner Idee entgegenstanden, gleich vom Anfange an ihm selbst die Hände banden, oder dass andere Umstände ihn an einer energischen Verfolgung der hierzu nothwendigen Arbeiten und

Beobachtungen hinderten, er brachte nicht so viel zu Stande, um
sich bei Strabo den Namen eines Geographen zu erringen (s.
Frgm. II. VI. Str. I. C. I. II. C. 90. 93), um die Mitwelt zur
Mitarbeit, die Nachwelt zur Vollendung seiner Karte zu begeistern.
Er hatte den Standpunkt seines Jahrhunderts zu weit überholt.
Ganz verloren gingen indess seine Vorarbeiten und Grundsätze
nicht. Die Aufstellung des neuen Princips für die Parallelen,
des Unterschieds zwischen den Stundenzahlen der längsten Tage,
verdankten die späteren Geographen sicherlich seiner Breitentabelle. Strabo ging von demselben aus, als er seine Parallelen
aus der Hipparchischen Tabelle herausgriff, Ptolemäus aber
brachte nicht nur diese Art der Breitenbestimmung, sondern auch
die der Längenbestimmung Hipparchs wieder in Anwendung, wie
vor ihm wahrscheinlich schon Marinus von Tyrus.

Während wir bisher mit Gossellin fast in allen Punkten
Uebereinstimmung gefunden haben, müssen wir von hier an
schnurgerade von ihm abweichen. Nachdem er auf den ersten
acht Seiten die Ideen Hipparchs mit grosser Schärfe entwickelt
und besprochen hat, lässt er jetzt, geleitet von dem bekannten
Wahne des Urvolks und der Urkarte den Hipparch eine Karte
entwerfen, die um kein Haar besser als die Eratosthenische auf
Reisemaassen fusst, aber, was Gossellin namentlich lobend hervorhebt (S. 49.), ihre Fehler insofern leichter macht, als sie dieselben von vorn herein durch Festsetzung des alexandrinischen
Meridians in östliche und westliche Fehler theilt. Die Annahme
schlägt Hipparchs ganzem System ins Gesicht und ist gegen das
Zeugniss Strabos, wie sich im Verlaufe unserer Betrachtungen
zeigen wird.

Wenn wir nun die wichtigen Fragmente über die Breitenangaben Hipparchs betrachten wollen, so müssen wir gegenüber
der Strabonischen Ueberlieferung immer vor Augen behalten,
dass nach Strabos eigenen Worten (s. Frgm. V. 2.) die Stadiensummen der Hipparchischen Tabelle nichts weiter waren, als die
Multiplication eines betreffenden Grades mit der angenommenen
Eratosthenischen Einheit von 700 Stadien für den Grad, einer
Einheit, die als nebensächlich und noch unerwiesen (Vrgl. S. 25,
34.) mit der Berechnung der Grade nach Phänomenen in gar
keinem inneren Zusammenhange stand; dass daher jede Angabe
die Phänomene betreffend nur auf den Grad, jede Angabe des

Grades nur zunächst auf die Phänomene zurückgeführt werden
darf, und dass keine Stadienangabe, die im Widerspruche steht
mit den Himmelserscheinungen, auf denen sie mit ihrem Grade
beruht, in Hipparchs Tabelle Platz gehabt haben kann.

Es kommen solche Widersprüche vor. Gossellin hat ihnen
gegenüber seine Zuflucht zu oft willkürlichen Aenderungen der
Zahlen im Texto genommen und hat dadurch vielfach bei streng
wissenschaftlichen Männern Anstoss erregt. In manchen Fällen
wird es näher liegen und rathsamer sein, wenn man die Quelle
des Widerspruchs sucht. In dem Bemühen Strabos, die Distanzen
seiner eigenen Karte mit Hipparchs Parallelentabelle, die er in
verstümmelter Gestalt zu Grunde legte, zu verschmelzen, in andern Fällen in der Gewohnheit desselben, Entfernungsangaben,
auf die sich Hipparch in Abwägung gegenseitiger Ansichten einmal bezogen hatte, diesem ausdrücklich zu vindiciren und ihm
mit Beihilfe solcher gewisse Voraussetzungen geradezu aufzu-
nöthigen.

Auf Seite 29 u. 30 hatten wir bereits vorausgreifend die einzelnen Punkte, die Hipparch für Festsetzung der Parallelen berechnet habe, zusammengestellt. Sie sind mit Ausnahme der ge-
wöhnlicheren, die in den andern Fragmenten zerstreut häufiger
vorkommen, im folgenden enthalten:

IV. Fragm. 5.   Strab. I. C. 12.

Νυνὶ δὲ ἐξ ἑτοίμου δεῖ λαβεῖν ἕνια, καὶ ταῦθ' ὅσα τῷ πο-
λιτικῷ καὶ τῷ στρατηλάτῃ χρήσιμα. οὔτε γὰρ οὕτω δεῖ
ἀγνοεῖν τὰ περὶ τὸν οὐρανὸν καὶ τὴν θέσιν τῆς γῆς, ὥστ',
ἐπειδὰν γένηται κατὰ τόπους, καθ' οὓς ἐξήλλακταί τινα τῶν
φαινομένων τοῖς πολλοῖς ἐν τῷ οὐρανῷ, ταράσσεσθαι καὶ
τοιαῦτα λέγειν· ὦ φίλοι (Odyss. κ. 190) — — ÷ οὔθ' οὕτως ἀκριβοῦν, ὥστε τὰς παντανωγοῦ συνανατολάς τε καὶ συγ-
καταδύσεις καὶ συμμεσουρανήσεις καὶ ἐξάρματα πόλων καὶ
τὰ κατὰ κορυφὴν σημεῖα καὶ ὅσα ἄλλα τοιαῦτα κατὰ τὰς
μεταπτώσεις τῶν ὁριζόντων ἅμα καὶ τῶν ἀρκτικῶν διαφέ-
ροντα ἅπαντα, τὰ μὲν πρὸς τὴν ὄψιν, τὰ δὲ καὶ τῇ φύσει
γνωρίζειν ἅπαντα.

Hipparchs Name wird zwar hier nicht genannt, es weisen
aber auf ihn hin die Natur der angeführten Punkte, der Zusammenhang und parallele Stellen. Solche Bestimmungen konnten
es nur sein, die Strabo unten im folgenden Fragmente τὰς γι-

νομίνας ἐν τοῖς οὐρανίοις διαφοράς καθ' ἕκαστον τῆς γῆς τόπον nennt; solche Destimuuungen (Veränderung des arktischen Kreises s. Frgm. V. 3ʰ, 5, 15ᶜ; Punkte im Zenith s. Frgm. V. 3ᶜ, 5, 6, 14) sind die Ueberbleibsel in Strabos Ueberlieferung von Hipparchs Breitentabelle. Die ἐξάρματα πόλου erwähnt besonders Ptolemäus im folgenden Fragmente. Endlich ist der ganze Exkurs Strabos über das Wesen der Geographie, zu dem unser Fragment gehört, angeknüpft an Hipparch und fortgesponnen im Gegensatze zu Hipparch, wofür mehrere Stellen, in denen solche Hipparchische Erweiterungen des geographischen Begriffes nach der astronomischen Seite hin direct bezeichnet und zurückgewiesen werden, den besten Beleg bieten[1]).

IV. Fragm. 6, Ptolem. geogr. I. 4. §. 2.

Ἐπεὶ δὲ μόνος ὁ Ἵππαρχος ἐκ' ὀλίγων πόλεων ὡς πρὸς τοσοῦτον πλῆθος τῶν κατατασσομένων ἐν τῇ γεωγραφίᾳ, ἐξάρματα τοῦ βορείου πόλου παρέδωκεν ἡμῖν καὶ τὰ ὑπὸ τοὺς αὐτοὺς πείμενα παραλλήλους, —.

Die folgenden Fragmente beginnen die eigentliche klimatische Tabelle.

Reihe V.

V. Fragm. 1. Strab. II. C. 131, 132.

— τοῖς μὲν οὖν ἀστρονομικοῖς ἐπὶ πλέον τοῦτο ποιητέον ⤵
(sc. λέγειν περὶ τῶν κλιμάτων) καθάπερ Ἵππαρχος ἐποίησεν. ἀνέγραψε γὰρ, ὡς αὐτός φησι, τὰς γινομένας ἐν τοῖς οὐρανίοις διαφορὰς καθ' ἕκαστον τῆς γῆς τόπον τῶν ἐν τῷ καθ' ἡμᾶς τεταρτημορίῳ τεταγμένων, λέγω δὲ τῶν ἀπὸ τοῦ ἰσημερινοῦ μέχρι τοῦ βορείου πόλου. τοῖς δὲ γεωγραφοῦσιν οὔτε τῶν ἔξω τῆς καθ' ἡμᾶς οἰκουμένης φροντιστέον, οὔτ' ἐν αὐτοῖς [τοῖς] τῆς οἰκουμένης μέρεσι τὰς τοιαύτας καὶ τοσαύτας διαφορὰς παραδεκτέον τῷ πολιτικῷ· περισκελεῖς γὰρ εἰσιν.

Der erste Theil des Fragmentes bestätigt zum Theil unsere Angaben über Hipparchs Verfahren, wie wir dasselbe voraus gegeben haben.

V. Fragm. 2. Ebendaselbst C. 132.

— τούτῳ δὴ χρῆται μέτρῳ πρὸς τὰ διαστήματα [τὰ] ἐν τῷ ⤵

1) S. Strab. II. C. 132, 135. Vgl. noch Hipp. ad phaenom. Arati lib. I. Petav. Uranol. pag. 178 D.

λεχθέντι διὰ Μερόης μεσημβρινῷ λαμβάνεσθαι μέλλοντα.
ἐκείνως μὲν δὴ ἄρχεται ἀπὸ τῶν ἐν τῷ ἰσημερινῷ οἰκούντων,
καὶ λοιπὸν δεῖ δι' ἑπτακοσίων σταδίων τὰς ἐφεξῆς οἰκήσεις
ἰπιὼν κατὰ τὸν λεχθέντα μεσημβρινὸν πειρᾶται λέγειν τὰ
παρ' ἑκάστοις φαινόμενα· ἡμῖν δ' οὐκ ἐντεῦθεν ἀρκτέον.
καὶ γὰρ εἰ οἰκήσιμα ταῦτά ἐστιν — — — — — · οὔτε
δὲ τὰς τοσαύτας οἰκήσεις ἐπιτέον, ὅσας ὑπαγορεύει τὸ λεχθὲν
μεταξὺ διάστημα, οὔτε πάντα τὰ φαινόμενα θετέον μεμνη-
μένοις τοῦ γεωγραφικοῦ σχήματος. ἀρκτέον δ', ὥσπερ Ἵππαρχος ἀπὸ τῶν νοτίων μερῶν.

Diese unschätzbaren und nicht misszuverstehenden Erläuterungen über Hipparchs Verfahren und Strabos Stellung zu denselben muss man immer vor Augen behalten, denn ohne sie
würde es schwer sein, das wahre Wesen der Hipparchischen
Gradtabelle aus dem Strabonischen Stückwerk herauszufinden.

Wir haben uns bei Betrachtung der einzelnen klimatischen
Fragmente immer drei Fragen vergegenwärtigt: 1) Auf welchen
Hipparchischen Grad verweisen die vorliegenden Phänomene.

2) Hat Hipparch die dem Klima untergelegten geographischen
Punkte selbst auf seinen Grad bezogen, d. h. als hinlänglich
astronomisch bestimmt angenommen, um auf der Karte fixirt zu
werden.

3) Wie ist das Verhältniss zwischen den ursprünglichen Angaben in Hipparchs Tabelle und der gegenwärtigen Darstellung
Strabos.

Die Phänomene heben sich leicht und bestimmt von dem
übrigen Material ab und sind vielfach bekräftigt durch parallele
Angaben im Almagest und der Kritik der Aratischen Phänomene.
Die zweite Frage ist, bis auf die Punkte, bei denen anderweitige
Angaben die Thatsache feststellen, schwer zu beantworten und
öfter nicht zu entscheiden. Da Hipparch bei Fixirung geographischer Punkte vor eigenen Beobachtungsfehlern wie vor falschen Ueberlieferungen keineswegs sicher war, würde man principiell fehlgehen, wenn man der Versuchung nachgebend etwa
grössere Richtigkeit als Anzeichen Hipparchischen Ursprungs halten wollte.

Die dritte Frage, die nach dem Verfahren Strabos mit der
Tabelle, ist, obschon ihre Lösung an manchen Stellen in die
Augen springt, an andern wiederum durchaus nicht völlig zur

Klarheit zu bringen. Sie drängt sich aber überall auf und vermag im günstigen Falle zur augenscheinlichsten Bekräftigung zu werden.

Strabo übergeht nun die ersten zwölf Grade Hipparchs mit ihren astronomischen Angaben, da sie ihm über der Grenze der bewohnten Welt liegen, und beginnt bei der allgemein bekannten Grenze derselben, der Zimmtküste. Hipparch besass über dieselbe (wie über Meroe und Syene) gewisse astronomische Angaben von Philo, den auch Eratosthenes benutzte und der eine Fahrt nach Aethiopien beschrieben hatte (s. Strab. II. C. 77).

V. Fragm. 3 a.), Strab. II. C. 72.

— καθ' Ἵππαρχον αὐτὸν ὁ δι' αὐτῆς (τῆς Κινναμωμοφόρου) παράλληλος ἀρχὴ τῆς εὐκράτου καὶ τῆς οἰκουμένης ἐστὶ, καὶ διέχει τοῦ ἰσημερινοῦ περὶ ὀκτακισχιλίους καὶ ὀκτακοσίους σταδίους.

3 b.) Strab. II. C. 132.

Φησὶ δὴ τοῖς οἰκοῦσιν ἐπὶ τῷ διὰ τῆς Κινναμωμοφόρου παραλλήλῳ, ὃς ἀπέχει τῆς Μερόης τρισχιλίους σταδίους πρὸς νότον, τούτου δ' ὁ ἰσημερινὸς ὀκτακισχιλίους καὶ ὀκτακοσίους, εἶναι τὴν οἴκησιν ἐγγυτάτω μέσην τοῦ τε ἰσημερινοῦ καὶ τοῦ θερινοῦ τροπικοῦ τοῦ κατὰ Συήνην· ἀπέχειν γὰρ τὴν Συήνην πεντακισχιλίους τῆς Μερόης· παρὰ δὲ τούτοις πρώτοις τὴν μικρὰν ἄρκτον ὅλην ἐν τῷ ἀρκτικῷ περιέχεσθαι καὶ ἀεὶ φαίνεσθαι· τὸν γὰρ ἐπ' ἄκρας τῆς οὐρᾶς λαμπρὸν ἀστέρα, νοτιώτατον ὄντα, ἐπ' αὐτοῦ ἱδρῦσθαι τοῦ ἀρκτικοῦ κύκλου ὥστ' ἐφάπτεσθαι τοῦ ὁρίζοντος.

Es folgt diesen Worten eine Bemerkung über die parallele Lage des arabischen Meerbusens zum ganzen Meridian und, wie späterhin bei den meisten Parallelen, eine Angabe über den welteren Verlauf des Parallelkreises durch die Länder gegen Osten und Westen. Dass diese genannten Beisätze zunächst nicht Hipparchisch, sondern im Gegentheil dem Strabo zuzuschreiben seien, geht aus verschiedenen Thatsachen hervor.

Dass die Arbeit Hipparchs, die hier dem Strabo vorlag, eine Breitentabelle war und nicht etwa eine Kartenskizze, die es mit sich gebracht hätte, den ungefähren Verlauf der Parallelen zu bestimmen, wie diese Tabelle beschaffen war, davon haben wir oben nach Strabos eigener Darstellung (Frgm. V. 1, 2. S. 29, 30.) gehandelt. Weiter ist oben gesagt, dass es Strabos Absicht durchaus nicht

war, die Hipparchische Tabelle zu überliefern, sondern dass er
sie gewissermassen nur zur Illustration der ihm nöthig erscheinenden Parallelen verwandte. So ist die ganze Darstellung der
Parallelen und in dieser besonders geographische Ausführungen
in seinem Sinne als eigene Arbeit des Geographen Strabo zu betrachten, der sich, wie er es für geboten fand, der Hilfsarbeit
des Astronomen Hipparch bediente (vgl. zur Reihe II. S. 20).

Einzelne Angaben aus dem Ganzen herausgegriffen sprechen
noch deutlicher für die Entfernung dieser Zusätze aus dem Hipparchischen Fragmente. Unter den Parallel von der Zimmtküste
legt Strabo die Insel Taprobane, falls dieselbe nicht noch südlicher verlaufen sollte, unter den von Meroe die Südspitze von
Indien. Letzteres ist aber, wie wir aus Strab. II. C. 77 (Fragm.
II. 4. IX. 4.) ersehen, die specielle Ansicht des Eratosthenes und
Strabo, gegen welche sich Hipparch ebendaselbst ausdrücklich
verwahrt, da Niemand das Klima von Indien astronomisch bestimmt habe, wie Philo das von Meroe und der Zimmtküste.
Erstere Annahme, nach welcher Taprobane unter den Breitenkreis der Zimmtküste gesetzt ist, beruht offenbar auf der Berechnung, welche Strabo (II. C. 72) im Kampfe gegen die von
Hipparch bevorzugte nördlichere Ausdehnung Indicos aufstellt,
oder stimmt wenigstens aufs genaueste mit derselben überein.
Dazu kommt noch, dass Hipparch in seinem Misstrauen gegen die
geographischen Fortschritte der nachalexandrinischen Zeit wahrscheinlich die Frage offen gelassen hatte, ob Taprobane Insel,
oder Anfang eines neuen Festlandes sei [1]) — gegen diese Muthmassung scheint die ausdrückliche Erklärung Strabos: πεπίστευ-
ται σφόδρα ὅτι τῆς Ἰνδικῆς πρόκειται πελαγία μεγάλη νῆ-
σος aus der oben angeführten Stelle gerichtet — und somit nicht
mit Bestimmtheit von den südlichsten Bewohnern derselben re-
den konnte, und dass, wenn über Mangel an astronomischen
Breitenbestimmungen für das südliche Indien geklagt wurde,
schwerlich solche aus Taprobane als vorliegend angenommen werden können.

Derselbe Fall wiederholt sich beim vierten Parallel (400 Stadien südlich von Alexandria und Kyrene), den Strabo auch durch
Babylonien legt. Hipparch verwandelt einmal seine Breitenbe-

---

1) Vrgl. Pomp. Mela III. 7, 7. Fragm. VIII. 2.

stimmung Babylons[1]) in der Kritik gegen die Eratosthenischen
Sphragiden zu der runden Summe von 2400 Stadien südlich vom
Parallel Athens und 2500 (wenn anders diese Zahl richtig ist,
s. d. Frgm. V. 7. u. X. 7) Stadien nördlich von dem hier besprochenen. Nach der Ausdehnung aber, die Strabo Babylonien
zusprach (Strab. XVI. C. 739.), gehörte die Stadt Babylon schon
zum südlichen Theile des Landes, und so hätte der Parallel nach
Hipparch höchstens an der südlichen Grenze Babyloniens hin-
laufen können. Wenn man dagegen die Südgrenze, oder wohl
mehr südliche Längenausdehnung der dritten Sphragis des Eratosthenes vergleicht (Strab. II. C. 78, 79; Fragm. Reihe X), so
läuft diese Linie genau mit dem vierten Strabonischen Parallel
durch Aegypten[2]), Babylon, Susa, Persepolis, Karmanien, das obere
Gedrosien, Indien und lässt in dem unteren Gedrosien, dem Lande
der Ichthyophagen, Platz auch für den dritten Parallel von Syene
und Berenice. Für den östlichen Verlauf der weiteren Parallelen
nennt Strabo den Eratosthenes selbst als Autorität. Der westliche Verlauf derselben unterliegt gewiss, wenigstens was die Bestimmungen: das südliche Libyen, unbekannte Gegenden, das
mittlere Maurusien, angeht, denselben Gesichtspunkten. Die hier
einfliessende, in Stadienzahlen ausgedrückte Breitenbestimmung
der Städte Carthago, Rom, Neapel können wohl astronomische
Festsetzungen Hipparchs enthalten, die aber bei so bewandten
Umständen auch nur durch Eintreten anderer gewichtiger Indi-
cien constatirt werden dürfen.

So viel über die Ausdehnung dieses Fragmentes und vor-
aussichtlich die Beschränkung der folgenden. Was den Inhalt
anlangt, so müssen wir abermals das wichtige Fragment V. 2. zu
Rathe ziehen, nun zu sehen, wie viel und in welchem Sinne er
Hipparchisch zu nennen sei. Hipparch hatte also 90 Parallelen
(Grade), jeden nothwendig ein Product von 700, da er die Stadieneinheit von 700 auf den Grad angenommen hatte, gezogen,
mit denen er wahrscheinlich die Angabe der astronomisch bestimmten Orte und Gegenden verband. Strabo erklärt sich nun
mit den Worten: οὔτε δὲ τὰς τοσαύτας ἰστέον οἰήσεις ὅσας

---

1) Vrgl. Strab. II. C. 82, 88, Frgm. V. 7.   2) An Syrien, wie es
der Text in dieser Stelle bietet, hat schon Groskurd mit Recht An-
stand genommen und dafür das nördliche Arabien vermuthet.

ἐκπορεύει τὸ λεχθὲν μεταξὺ διάστημα ausdrücklich gegen die Aufstellung so vieler Parallelen, macht aber auch keine Auswahl aus den Graden Hipparchs, wie schon die überwiegend vorkommende Differenz der Stadieusummen zu den Producten von 700 zeigt, sondern legt theils die gangbaren Eratosthenischen Parallelen: Zimmtküste, Meroe, Syene u. s. w. zu Grunde, indem er in dieselben astronomische Bestimmungen einflicht, die den entsprechenden Graden oder Graddistanzen Hipparchs entnommen sind, theils setzt er an Stelle der Grade Orte und Gegenden, entweder dem Hipparch selbst entlehnt, oder eigens in dessen Breiten eingepasst. Wir dürfen uns in dieser Annahme durch das wiederholte φησί (Ἵππαρχος) und die direct auf letzteren bezogene Redeweise nicht irren lassen. Ohne den Wortlaut des Fragmentes zu geben, konnte Strabo doch mit gutem Rechte sagen, Hipparch gebe an, dass bei den Bewohnern der Zimmtküste der kleine Bär nicht untergehe, dass in Syene zur Zeit des Sommersolstitiums die Sonne im Zenith stehe, und dergleichen mehr, wenn der Grad Hipparchs der von ihm dafür eingesetzten Gegend entsprach.

Der von Strabo hier angegebene Ort entspricht uun dem 12. Grade Hipparchs und der Distanz zum 13., denn der 12. Grad ergiebt die Stadienzahl 8400, der 13. 9100, die von Strabo dem Philo und Eratosthenes entnommene Zahl aber ist 8800 = 12° 34' 17".

Von den astronomischen Angaben, welche Hipparch an seinen zwölften Grad und die Distanz zum folgenden knüpfte, hat Strabo zunächst die über den dortigen Himmelshorizont überliefert. Er gab an, dass der kleine Bär hier ganz sichtbar bleibe, denn der südlichste Stern dieses Sternbildes stand damals nach einer andern Stelle des Hipparch 12° 24' vom Pole ab: Ptol. geogr. I. 7: παραδίδοται δὲ ὑπὸ τοῦ Ἱππάρχου τῆς μικρᾶς ἄρκτου ὁ νοτιώτατος, ἔσχατος δὲ τῆς οὐρᾶς ἀστὴρ ἀπέχειν τοῦ πόλου μοίρας ιβ' καὶ δύο πέμπτα.

Die vorhergehende Bestimmung, die Zimmtküste repräsentire beinahe die Mitte zwischen dem Aequator und dem Wendekreise, kann in ihrer Fassung nicht Hipparchisch erscheinen, weil sie direct auf eine Landschaft und eine Stadt bezogen und wegen des hierbei nöthigen Spielraums von sehr geringer Bedeutung

ist. Die Zahlen sind rein Strabonisch-Eratosthenisch [1]) und wider-
streben bis auf die 5000 Stadien von Meroe nach Syene den
Hipparchischen Gradzahlen. Halten wir fest an der Art der Hipparchischen Tabelle und führen die Angaben auf die Grade zurück,
so gewinnt sie aber eine andere Gestalt und Bedeutung, denn
der 12. Grad, von welchem im allgemeinen ja die Rede ist, war
die genaue Mitte zwischen Aequator und Tropikus, wenn Hipparch die für die Geographie normirte Schiefe der Ekliptik auf
24° einhielt, er war aber beinahe die Mitte, wenn Hipparch die
genauere Kenntniss davon hatte und anwandte, wie sie ihm Theon
zuschrieb und seine eigenen Worte vermuthen lassen, d. h., wenn
er sie auf 23° 51′ 20″ festsetzte [2]). Zu dieser Art Bemerkung
hätte auch die Bezeichnung ἐγγυτάτω, die für die Strabonische
mit ihrer Differenz von 800 Stadien auf 16000 eher etwas zu
stark war, besser gepasst. War es so, wie wir hier wohl nicht
ohne Grund vermuthen, so hielt Strabo, der von dieser genaueren
Bestimmung keine Kenntniss besass, den Wendekreis als Parallel, was er dann dem Hipparch nicht war, fest und machte sich
die ihm unverständliche Bemerkung mundrecht durch Einsetzung
gerade des Stadienwerthes, der dem Grade widersprach. Der
Fall kehrt schon im nächsten Fragmente wieder. Wir halten
auch dort unsere Ansicht fest, dass Hipparch bei bestimmten
Graden das Verhältniss zum ganzen Tetartemorion angab, und
dass Strabo, theils weil er die Grade nicht gab, theils weil es
ihm geographischer vorkam, die Angabe durch Stadienentfernungen
zwischen Städten und deren Parallelen ersetzte.

Endlich gehört zu den Bemerkungen, die auf den 12. Grad

---

1) Strab. I. C. 63. II. C. 95. Seydel Erat. pag. 65. Berhardy
Eratosth. Frgm. XLIV. Die beiden angeführten Stellen Strabos sind
selbst in Widerspruch. Die erste würde mit Hipparchs Grade übereinstimmen. Ein solcher Widerspruch verliert aber bei geographischen
Bestimmungen an Bedeutung durch die Ungenauigkeit der Angaben,
besonders bei Strabo, der die Zahlen nach Belieben verkürzt oder abrundet, und den Einfluss solcher Abrundung bei weiteren Zahlenverbin-
dungen nicht weiter beachtet. So scheint die Angabe, die Zimmtküste sei von Meroe 3000 Stad., also vom Aequator 8800, statt von dort
3400 und von hier 8400, dadurch entstanden, dass Strabo den Punkt,
wo der längste Tag von 12¼ h. eintrat (12° 30′), welches Phänomen
er übrigens hier vernachlässigte, durch die der Summe des 12. Grades
(8400) beigefügten 400 Stadien bezeichnen wollte. 2) S. Fragm. III. 5.

Bezug haben, noch eine Nachricht des Reisenden Philo (vgl.
Fragm. II. 4.), die Hipparch benutzt hatte, die aber in der Ueberlieferung durch Strabo augenscheinlich an eine falsche Stelle gerathen ist. Es heisst:

3 c., Strab. II. C. 77.

— τὸ μὲν οὖν κατὰ Μερόην κλίμα Φίλωνά τε τὸν συγγράψαντα
τὸν εἰς Αἰθιοπίαν πλοῦν ἱστορεῖν, ὅτι πρὸ πέντε καὶ τετταράκοντα ἡμερῶν τῆς θερινῆς τροπῆς κατὰ κορυφὴν γίνεται
ὁ ἥλιος — —.

Hipparch gibt aber die Zeit vom Frühlingsaequinoctium zum
Sommersolstitium selbst auf 94½ Tag an[1], und konnte somit unmöglich diese Erscheinung für Meroe angenommen haben, das
zwischen dem 15. und 16. Grade lag, sondern musste sie vielmehr noch vor seinen 12. Grad stellen, wie auch das Schwei-
gen Strabos, der erst mit dem 12. Grade beginnt, über diesen
Punkt bei Angabe seiner Parallelen bezeugt.

Strabo überspringt nun die Hipparchischen Grade bis zum
16., um zu seinem und des Eratosthenes Parallel von Meroe zu
kommen.

V. Fragm. 4. Strab. II. C. 133.

Τοῖς δὲ κατὰ Μερόην καὶ Πτολεμαΐδα τὴν ἐν τῇ Τρωγλοδυτικῇ ἡ μεγίστη ἡμέρα ὡρῶν ἰσημερινῶν ἐστι τρισκαί-
δεκα· ἔστι δ' αὕτη ἡ οἴκησις μέση πως τοῦ τε ἰσημερινοῦ
καὶ τοῦ δι' Ἀλεξανδρείας παρὰ χιλίους καὶ[2] ὀκτακοσίους
τοὺς πλεονάζοντας πρὸς τῷ ἰσημερινῷ —.

Die astronomische Angabe weist zwischen den 16. und 17.
Grad, 16° 27' bei Ptolemäus (geogr. I. 23). Die zweite Bemerkung ist aus den oben besprochenen Gründen beim Fragmente
verblieben. Es ist möglich, dass Hipparch an ihrer Stelle den
15. Grad als Seehstel des Tetartemorions bezeichnet hatte, wie
er später beim 45. Grade die Hälfte hervorhebt (s. Fragm. V. 14).

V. Fragm. 5. Weiter unten:

— ἐν δὲ Συήνῃ καὶ Βερενίκῃ τῇ ἐν τῷ Ἀραβίῳ κόλπῳ καὶ
τῇ Τρωγλοδυτικῇ κατὰ θερινὰς τροπὰς ὁ ἥλιος κατὰ κορυ-
φῆς γίνεται, ἡ δὲ μακροτάτη ἡμέρα ὡρῶν ἰσημερινῶν ἐστι

---

1) S. Almag. III. cap. 4. pag. 184, Vrgl. Gemin. Isag. cap. I.
2) Mehrere Handschriften und die älteren Ausgaben ἑκατόν. Casaub.
giebt in den Noten auch die andere, später allgemein zu corrigirte
Lesart.

τρισκαίδεκα καὶ ἡμιωρίου, ἐν δὲ τῷ ἀρκτικῷ φαίνεται καὶ ἡ μεγάλη ἄρκτος ὅλη σχεδόν τι πλὴν τῶν σκελῶν καὶ τοῦ ἄκρου τῆς οὐρᾶς καὶ ἑνὸς τῶν ἐν τῷ πλινθίῳ ἀστέρων.

Alle drei astronomischen Angaben Hipparchs deuten auf dessen 24. Grad. Die Differenz, die zwischen dem 24. Grade und dem Wendekreise entstand, wenn Hipparch letzteren auf 23° 51' 20" setzte, betrug noch nicht einmal 100 Stadien, also den vierten Theil der Ausdehnung, welche Hipparch mit den andern Geographen und Astronomen seiner Zeit für die Beobachtung gleicher Himmelserscheinungen offen gelassen hatte. Die Berücksichtigung dieses Umstandes musste Hipparch nöthigen, die genauere Bestimmung für die Schiefe der Ekliptik vor der Hand für die Geographie fallen zu lassen. Der längste Tag von 13½ʰ fällt bei Ptolemäus auf 23° 50'. Die Bemerkung über die Erscheinung des Sternbildes des grossen Bären (bis auf zwei Sterne, die Spitze des Schwanzes und den Stern γ) im arktischen Kreise des 24. Grades stimmt genau mit Almag. VIII. cap. 3. pag. 18, wonach Hipparch die Declination der drei Deichselsterne angiebt und zwar dessen an der Spitze zu 60³/₄°, des mittelsten und letzten aber zu 66½° und 67³/₅°.

Die hierauf unmittelbar folgende Erwähnung der ἀμφίσκιοι und ἑτερόσκιοι gehört wahrscheinlich nicht in die Hipparchischen Fragmente, sondern scheint eine eigene Bemerkung Strabos, die er wahrscheinlich aus der Lehre des Posidonius von den Schattenverhältnissen zog. Er erwähnt dieselbe unter Beurtheilung ihrer Bedeutung für die Geographie gleich darauf am Schlusse des zweiten Buches.

V. Fragm. 6. Weiter unten:

Ἐν δὲ τοῖς [τοῦ][1] δι' Ἀλεξανδρείας καὶ Κυρήνης νοτιωτέροις ὅσον τετρακοσίοις[2] σταδίοις, ὅπου ἡ μεγίστη ἡμέρα ὡρῶν ἐστιν ἰσημερινῶν δεκατεττάρων, κατὰ κορυφὴν γίνεται ὁ ἀρκτοῦρος μικρὸν ἐκκλίνων πρὸς νότον. ἐν δὲ τῇ Ἀλεξανδρείᾳ ὁ γνώμων λόγον ἔχει πρὸς τὴν ἰσημερινὴν σκιάν, ὃν ἔχει τὰ πέντε πρὸς τρία[3]. Καρχηδόνος δὲ νοτιώτεροί εἰσι χιλίοις καὶ τριακοσίοις σταδίοις[4], εἴπερ ἐν Καρχηδόνι ὁ γνώ-

---

1) τοῦ fehlt in mehreren Handschriften. 2) Casaub. erwähnt noch die andere Lesart τριακοσίοις. 3) κατὰ für τρία hat Gosselin corrigirt. 4) Anderwärts eingeschoben: καὶ Ἀλεξανδρείας δὲ νοτιώτεροι.

μων λόγον ἔχει πρός τήν ἰσημερινήν σκιάν, ὄν ἔχει τά ἐν-
δικα πρός τά ἑπτά.

Zu Grunde liegt der 30. und 31. Grad Hipparchs, 21,000
und 21,700 Stadien vom Aequator. Die Dauer des längsten Tages 14 ʰ. fällt nach Ptolemäus auf 30° 20´.

Der Arkturus musste nach Hipparch, wie aus anderen Stellen ersichtlich ist[1]), auf dem 31. Grade im Zenith stehen.

Das Verhältniss des Schattens zum Gnomon im Aequinoctium
wie 3:5, von den besten Mathematikern, vielleicht von Hipparch
selbst gemessen, giebt die für Alexandria bis auf etwa 13´ richtige Breite von 30° 58´, in Stadien 21,677 vom Aequator.

Die Worte εἴπερ ἐν Καρχηδόνι κ. τ. λ. lassen vermuthen,
dass dem Hipparch auch eine Angabe über das Gnomonverhältniss zu Karthago vorlag, die er aber vorsichtigerweise anzweifelte.
Nach dieser wäre die Breite Karthagos ungefähr 32° 28´, in voller Uebereinstimmung mit den Strabonischen Stadienangaben
1300 nördlich vom Parallel (des längsten Tages von 14 ʰ.), 900
nördlich von der Stadt Alexandria selbst[2]).

Was nun Strabos Parallel und seine Auswahl und Verarbei-

Ptlts strich diese Worte oder wollte wenigstens lesen: οἱ καὶ Ἀλεξανδρείας γε νοτιώτεροι. Vgl. Cramers Ausgabe.   1) Almag. VIII. 3, 18:
τόν δὲ ἀρκτοῦρον ἀναγράφει βορειότερον τοῦ ἰσημερινοῦ μοίρας λα´.
Hipp. ad Arat. Uranol. p. 190 D.: ὁ μὲν γάρ ἀρκτοῦρος ἐπέχει τοῦ
βορείου πόλου μοι. νθ´.   2) Diese letztere Bestimmung geht aus dem
folgenden Fragmente hervor. In Wirklichkeit passt die Breitenbestimmung, die hier Karthago zugemessen wird, zu Kyrene. Merkwürdig
muss es erscheinen, wenn Strabo Alexandria und Kyrene auf einen
Parallel setzt, während anderwärts seine und des Eratosthenes Stadienzahlen die letztere Stadt weit nördlicher rücken. Rhodus war nach
Strabo (n. Hipparch) von Alexandria 3640 Stad. entfernt (n. Fragm.
V. 9.), lib. II. C. 125 giebt er eine runde Summe von 4000, Eratosthenes eine gnomonisch berechnete Zahl von 3750 an. Der Parallel
von Rhodus ging nun nach Strab. II. C. 67 durch die südlichen Vor-
gebirge der Peloponnes, und Strab. X. C. 475 (vgl. XVII. C. 837)
wird die Ueberfahrt von Apollonia, dem Hafen Kyrenes, der 80 Stad.
nördlich von der Stadt selbst lag, nach Tänaron über Kriumetopon auf
Kreta zu 2700 Stadien, Strab. VIII. C. 363 auf 3000 Stad. angegeben,
so dass diesen Angaben zufolge Kyrene mindestens einen Grad (700 St.)
nördlicher lag als Alexandria. Somit vernachlässigte Strabo in unserm
Fragmente eine Distanz von 700 Stadien, während er eine von 400 Stadien als Factoren seiner Berechnungen einführte.

tung Hipparchischer Phänomene für denselben betrifft, so fällt zunächst auf, dass er eigentlich zwei Linien bietet, die eine südlich von Alexandria, die andere durch die Stadt selbst laufend. Der Grund dazu mag der sein, dass er sich Mühe gab, in Rücksicht auf die Bedeutung Alexandrias und auf das Hergebrachte des Parallels, der sich an diese Stadt knüpfte, beide Breiten, die der Stadt selbst und die des längsten Tages (hier 14 ʰ), die er mit Ausnahme der Zinnnküste regelmässig allen seinen Breitenlinien zu Grunde gelegt hat, zu einem Breitenkreise zusammenzuziehen, ohne die genauen Angaben, die Hipparch für jeden einzeln bot, zu vernachlässigen. Er konnte dies auch um so eher thun, als die beiden Linien in den Grenzen des unveränderlich angenommenen Horizontes (400 St. vgl. S. 32) zusammenfielen.

Wenn aber Strabo die Distanz seiner beiden Breitenlinien auf 400 Stad. veranschlagt, so hat Groskurd in seiner Uebersetzung (vgl. Gossellin S. 20) nicht Recht, diese Zahl anzugreifen, denn wenn die Breite des längsten Tages von 14 ʰ 30′ 20′ war (s. o.) und die Alexandrias 30° 58′, so betrug die Stadiendistanz in der That 443 ($\frac{1}{3}$), und eine Differenz von 43 Stadien durfte Strabo unbedenklich übergehen, wenn er sie durch das beigefügte ὅσον nur andeutete.

Wenn Strabo weiter zu seinem Parallel bemerkt, der Arcturus stehe im Zenith und neige ein wenig nach Süden, so passt diese Bemerkung da, wo er sie hinstellt (ὅπου ἡ μεγίστη ἡμέρα ὡρῶν ἐστι δεκατεττάρων) viel weniger als für Alexandria selbst, das sich ja dem 31. Grade bis auf 2 Minuten etwa näherte. Dass er dabei ἐγκλίνων πρὸς νότον irrthümlicherweise für πρὸς ἄρκτον schrieb, oder dass dieser Fehler später in den Text kam, kann man aus der oben angeführten Bemerkung Hipparchs über den Arcturus ersehen.

Dem richtigen Gedankengange ganz angemessen ist die von Pätz und Groskurd vertretene Umstellung der Sätze, welcher zufolge die ganze Passage: Καρχηδόνος δὲ νοτιώτεροι · · · πρὸς τὰ ἑπτὰ vor dem Satz ἐν δὲ τῇ Ἀλεξανδρείᾳ κ. τ. λ. zu stehen kommt, wenn man nehmlich annimmt, Strabo habe Grund gehabt, die beiden Linien auseinanderzuhalten. Streng genommen müsste man dann aber auch die Angabe über den Arcturus mit in die Umstellung hereinziehen, da diese offenbar zur Breite der Stadt selbst gehört, und nicht zu dem 38 Minuten südlich

von derselben hinlaufenden Dreitenkreise. Das lässt sich aber
der Satzfügung halber nicht ausführen, und wir halten es darum
für gerathener, die Stelle unverändert als einen Beleg für die
wirklich vollzogene Fusion der beiden Linien betrachten zu können.

V. Fragm. 7. a.) Strab. II. C. 82.

—. τὸ δέ γε ἀπὸ τοῦ δι' Ἀθηνῶν παραλλήλου ἐπὶ τὸν διὰ
Βαβυλῶνος δείκνυσιν (Ἵππαρχος) οὐ μεῖζον ὂν σταδίων
δισχιλίων τετρακοσίων, ὑποτεθέντος τοῦ μεσημβρινοῦ παντὸς τοσούτων σταδίων, ὅσων Ἐρατοσθένης φησίν.

b.) Dazu C. 88.

— λαβὼν γὰρ δι' ἀποδείξεως μὲν, ὅτι ὁ διὰ Πηλουσίου παράλληλος τοῦ διὰ Βαβυλῶνος πλείοσιν ἢ δισχιλίοις καὶ πεντακοσίοις σταδίοις νοτιώτερός ἐστιν — [1]).

Diese beiden Notizen aus der Kritik Hipparchs gegen die
vierte Sphragis des Eratosthenes bezeugen eine eigene Breitenbestimmung Babylons von Hipparch. Man sieht, dass er sie in
Graden vorliegen hatte und nach der Eratosthenischen Messung
des grössten Kreises in Stadien verwandelte, worauf auch der
Ausdruck λαβὼν γὰρ δι' ἀποδείξεως μὲν, dem später die Worte
κατ' Ἐρατοσθένη δὲ gegenüberstehen, andeutet. Als Grundlage
mögen ihm astronomische Notizen aus Babylon, deren er besass
(Almag. IV. 10; 275), vielleicht auch solche des Astronomen und
Physikers Seleucus[2]), dessen Bücher ihm bekannt waren (Strab.
1. C. 6.), gedient haben. Strabo hat diese Breitenbestimmung
in seiner Tabelle fallen lassen und keine astronomische Angabe
über dieselbe bewahrt, wahrscheinlich weil sie mit seiner und
des Eratosthenes Karte in Widerspruch trat, wie müssen uns daher mit den oberflächlich abgerundeten Zahlen begnügen, wie
sie die Art jener Kritik mit sich brachte.

Wenn wir nun beide Zahlen für authentisch annehmen woll-
ten, so repräsentiren sie bis auf das der letzteren beigefügte
„πλείοσιν gerade 7 Grade, die erste 2400 südlich von Athen =
3° 26', die zweite über 2500 nördlich von Pelusium 3° 34'.
Da Hipparch aber Athen auf den 37. Grad setzte (s. Frgm. V.
11.), so würde sich eine ungefähre Breite von 33° 34' für das
gesuchte Babylon daraus abnehmen lassen. Dieses Resultat des

1) Vrgl. Frgm. X. 7.   2) Dr. B. Rago, der Chaldäer Seleukus.
Dresden 1865.

ersten Anlaufs wird aber bei weiterer Betrachtung durch mancherlei Thatsachen auf bedenkliche Weise in Frage gestellt. Zuerst ist nicht zu ersehen, warum Hipparch die Distanz zwischen Pelusium und Athen zu 7 Graden angenommen haben sollte, auch noch um etwas erweitert, wie der Zusatz πλείοσιν im zweiten Fragmente besagt. Weder seine eigene Tabelle noch die Angaben des Strabo und Eratosthenes lassen dies zu. Pelusium müsste nach Strabo unter den Hauptparallel von Alexandria oder noch nördlich drüber fallen, wenn wir hören, dass er diesen östlich durch Aegypten verlaufen liess (II. C. 134), und wenn es anders möglich gewesen wäre, dass Hipparch diese Stadt einen vollen Grad südlicher versetzt hätte, so konnte dies dem Strabo doch nicht entgehen und müsste sich hervorgehoben finden[1]. Somit blieben sicherlich dem Hipparch zwischen Pelusium und Athen nicht mehr als etwas über 6 Grade (30° 58' — 37°). Weiter wird namentlich die zweite Zahl, mehr als 2500 Stad. nördlich von Pelusium, dadurch verdächtig, dass sie addirt mit einer andern Entfernung von 4800 Stad. als grosse Kathete eines rechtwinkligen Dreiecks auftritt, dessen Hypotenuse in den Handschriften und älteren Ausgaben zwischen über 7000 und 8000 Stad. schwankt und erst nachträglich nach unserer Zahl, an der man keinen Anstoss nahm, zu über 8000 berechnet und eingeführt worden ist (Gossellin S. 32.). Gar keine Berechtigung würde der Gedanke haben, Hipparch habe, da Alexandria den 31. Grad noch nicht ganz erreichte, dasselbe oberflächlicherweise auf den 30. Grad angenommen, etwa in der grösstmöglichen Ausdehnung der Distanz, bis zum 30. Grade, unter der Entschuldigung ungefährer Rechnung seinen Vortheil gesucht, denn abgesehen davon, dass wir denselben eines solchen Verfahrens für unfähig halten, hätte er es gar nicht nöthig gehabt. Möchte seine grosse Kathete durch Weglassung eines Grades verkürzt werden (nehmen wir die Breite von Pelusium bis Babylon auf 2° 34' — 1740 Stad., die ganze Kathete also zu 6540 Stad, statt zu 7300), so musste sich eine Hypotenuse von etwa 8232 Stadien ergeben, und dazu war eine von über 7000 hinreichend gegen Eratosthenes, dessen bestrittene Längenlinie nur 6000 Stadien zählte. Aber

---

1) Ptolemäus geo. IV. 5 §. 11 giebt ihre Breite zu 31° an, wie V. 2) §. 6. die Alexandrias.

4 *

auch der Text Strabos widerspricht jenen Annahmen, denn er
weist durch das πλείοσιν vor der Zahl in Frgm. 7.[b] noch über
die Stadiensumme von 7 Graden hinweg.

Ferner verlegte Eratosthenes, wie Strabo II. C. 67. referirt,
seinen Hauptparallel zugleich durch Athen und durch Rhodus, und
er und Strabo nennen denselben sehr oft, wenn nicht vorwiegend
ὁ δι' Ἀθηνῶν παράλληλος (vgl. Strab. II. C. 68. 79. 96. u. ö.).
In der Stelle aber, der das erste Fragment entnommen ist, will
Hipparch die nördliche Abbeugung des armenischen Gebirgszuges von diesem Hauptparallel erweisen, und beschb sich daher
mit den Worten ἀπὸ τοῦ δι' Ἀθηνῶν παραλλήλου wahrscheinlich eher auf diesen, der seinem Rhodischen entsprach (36°),
als auf seinen speciellen Parallel von Athen (37°). Schlüsslich
sei noch erwähnt, dass man überdies in Zweifel kommen könne,
ob Hipparch das alte Babylon wirklich gemeint habe und nicht
vielmehr das von Seleukus I. gegründete Seleukia am Tigris,
die Vaterstadt seines Gewährsmannes Seleukus, die nach Plin. h.
n. VI. 122 und Steph. Byz. v. Βαβυλῶν ebenfalls den Namen
Babylon führte.

Wir wollen uns allen diesen Umständen gegenüber nicht auf
das Gebiet trügerischer und willkürlicher Conjecturen begeben
und uns damit begnügen, zu wissen, dass Hipparch die Breite
Babylons für seine Tabelle berechnet habe, und dass wenigstens
die Möglichkeit einer für seine Zeit sehr treffenden Berechnung
nicht allzufern liege.

V. Fragm. 8.   Strab. II. C. 134.

Ἐν δὲ τοῖς περὶ Πτολεμαΐδα τὴν ἐν τῇ Φοινίκῃ καὶ Σιδῶνα
καὶ Τύρον ἡ μεγίστη ἡμέρα ἐστὶν ὡρῶν ἰσημερινῶν δεκατεττάρων καὶ τετάρτου. βορειότεροι δ' εἰσὶν οὗτοι Ἀλεξανδρείας μὲν ὡς χιλίοις ἑξακοσίοις σταδίοις, Καρχηδόνος δὲ
ὡς ἑπτακοσίοις.

Die Angaben verweisen zwischen den 33. und 34. Grad Hipparchs, der längste. Tag von 14¹/₄[b] = 33° 20' bei Ptolemäus.
Die beiden Grade bieten in Stadien verwandelt 23,100 und 23,800
Entfernung vom Aequator, so dass Strabo, wenn er die Mitte
zwischen beiden wahrte und mit Hunderten rechnete, wohl sagen
konnte, der Parallel liege 1600 Stadien nördlich von Alexandria,
700 von Karthago. Der Breitenunterschied der Städte Ptolemais,
Tyrus und Sidon, die wirklich bis auf die erste zwischen dem

33. und 34. Grade liegen[1]), beträgt selbst über einen halben
Grad. Obgleich es nicht nachzuweisen ist, ist es doch sehr wahrscheinlich, dass Hipparch Angaben über die Städte oder eine
derselben besass und ihre Breite danach festsetzte.

V. Fragm. 9. Fortsetzung:

— ἐν δὲ τῇ Πελοποννήσῳ καὶ περὶ τὰ μέσα τῆς Ῥοδίας καὶ
περὶ Ξάνθον τῆς Λυκίας ἢ τὰ μικρῷ νοτιώτερα καὶ ἔτι τὰ Συ-
ρακοσίων νοτιώτερα τετρακοσίοις σταδίοις, ἐνταῦθα ἡ μεγίστη
ἡμέρα ἐστὶν ὡρῶν ἰσημερινῶν δεκατεττάρων καὶ ἡμίσους·
ἀπέχουσι δ' οἱ τόποι οὗτοι Ἀλεξανδρείας μὲν τρισχιλίους ἑξακοσίους τετταράκοντα . . . (Groskurd ergänzt jedenfalls richtig:
Καρχηδόνος δὲ ὡς δισχιλίους ἑπτακοσίους τετταράκοντα, da
der Schreiber diese letzten Worte wegen des wiederkehrenden
τετταράκοντα übersehen habe).

Der längste Tag von 14¹/₂ ʰ gehört nach der Ptolemäischen
Tabelle zu 36°[2]).

In der Stadienangabe Strabos, die ganz unerwartet bis auf
40 Stadien genau auftritt und zu der die allgemeine Bezeichnung περὶ τὰ μέσα τῆς Ῥοδίας, ἐν τῇ Πελοποννήσῳ gar nicht
recht passt, dürfte wohl eine specielle Breitenangabe Hipparchs
zu suchen sein, der ja über Stadt und Insel sicherlich genaue
Daten zur Hand hatte, da er in späteren Jahren dort lebte und
beobachtete, nachweisbar wenigstens im Frühjahre 126[3]). Die
genannte Stadiensumme beträgt 5° 12', und da wir wissen, dass
Hipparch für Alexandria die Breite von 30° 58′ angenommen
hatte, so verweist sie uns auf 36° 10′ ungefähr. Wenn wir den
gewöhnlichen Fehler von circa 16′, der aus Vernachlässigung
des Halbschattens entsprang, in Anschlag bringen, so würden wir
in der Angabe die Breite der Stadt Rhodus selbst zu erblicken
haben.

Uebrigens scheint es, dass Hipparch diesen Parallel, der
schon den früheren wie den späteren Geographen als Hauptparallel galt[4]), auch als solchen bevorzugt habe, wie den Haupt-

---

1) Vrgl. Ptol. geo. V. 15 §. 4.   2) Vrgl. Hipp. ad Arat. Uranol.
p. 207 A. a. 183 C. ὅπου δ' ἐστὶν ἡ μεγίστη ἡμέρα ὡρῶν ιδ' ∠, ἐκεῖ
ὁ ἀεὶ φανερὸς κύκλος ἀπέχει τοῦ πόλου μοι. ιε'. ἐν Ἀθήναις δὲ μοι. ιζ'.
Proclus de sphaera cap. IV.   3) Vgl. ob. S. 7.   4) Vrgl. Strab. II.
C. 67. 105. 119. Agathem. I. p. 292. ed. Hoffmann. Hessell, Pytheas
S. 17 ff.

meridian von Rhodus, und daher seinen weiteren Verlauf fest-
zustellen bemüht gewesen sei. Zu schliessen ist dies aus folgenden Stellen:

V. Fragm. 10. a.) Strab. II. C. 87.

— Ὁ μὲν οὖν δι' Ἀθηνῶν παράλληλος γνωμονικῶς ληφθεὶς
καὶ ὁ διὰ Ῥόδου καὶ Καρίας εἰκότως ἐν σταδίοις τοσούτοις
τετρακοσίοις) αἰσθητὴν ἐποίησε τὴν διαφοράν.

b.) Dazu C. 71.

— καὶ αὐτὸς ὁ Ἵππαρχος τὴν ἀπὸ στηλῶν μέχρι τῆς Κιλικίας γραμμήν, ὅτι ἐστὶν ἐπ' εὐθείας καὶ ὅτι ἐπὶ ἰσημερινὴν
ἀνατολήν, οὐ πᾶσαν ὀργανικῶς καὶ γεωμετρικῶς ἔλαβεν, ἀλλ'
ὅλην τὴν ἀπὸ στηλῶν μέχρι πορθμοῦ τοῖς πλέουσιν ἐπίστευσεν.

Hiernach lässt sich schliessen, dass die beiden von Strabo
neben Rhodus angeführten Orte, Syrakus und die Mündung des
Xanthus in Lycien (vielleicht Patara), der Breite nach von Hipparch berechnet und in die Tabellen aufgenommen worden seien.
Die Angaben über beide nähern sich der Wirklichkeit. Bei Syrakus können wir einigermassen nachrechnen. Wenn diese Stadt
400 Stadien nördlich von Rhodus angesetzt wird, so brauchen wir
nur diese 400 Stadien in 34′ zu verwandeln und zu der Breite
von Rhodus, 36° 10′, zu addiren, so ergiebt sich für dieselbe
die Breite von 36° 44′, die mit ihrer wirklichen Breite (37°)
wieder um 16′ differirt, also dasselbe Verhältniss zeigt, wie oben
die wirkliche Breite von Rhodus und die von Hipparch dafür
berechnete, welches Verhältniss mit geringem Unterschiede bereits
bei Alexandria (30° 58′ genauer 30° 57′ 50″ — 31° 11′ 20″)
zu Tage trat.

V. Fragm. 11. a.) Hipp. ad phaen. Arati Petav. Uranol.
p. 179 D.

— ὑποκείσθω δὲ ἡμῖν ὁρίζων πρὸς τὴν ἐπίσκεψιν ὁ ἐν
Ἀθήναις· οὗ ἐστιν ἡ μεγίστη ἡμέρα ὡρῶν ἰσημερινῶν ιδ′
καὶ γ′ πεμπτημορίων, τὸ δὲ ἔξαρμα τοῦ πόλου περὶ μοιρῶν λζ′.

b.) Ebendaselbst p. 181 D.

— ὁ δὲ ἀεὶ φανερὸς κύκλος ἐν τοῖς περὶ Ἀθήνας τόποις, καὶ
ὁ γνώμων ἐπίτριτός ἐστι τῆς ἰσημερινῆς σκιᾶς καὶ ἀπὸ τοῦ
πόλου ἀπέχει περὶ μοι. λζ′ ¹).

---

1) Wahrscheinlich sind die letzten Worte ἀπὸ τοῦ πόλου u. s. w.
gleich nach Ἀθήνας τόποις zu stellen.

Alle drei Angaben nähern sich dem 37. Grade. Das Gno-monverhältniss 4 : 3 zeigt auf etwa 36° 53' und mag ohne Be-rücksichtigung einer bestimmten Breite auf ein Verhältniss ganzer Zahlen gebracht sein. Der längste Tag 14 3/5 h zeigt deutlich, dass Hipparch denselben auch für die einzelnen Graddistanzen berechnete.

Da es Hipparch nur darauf ankam, den Lesern des Aratos ein im Allgemeinen richtiges Verhältniss für das eigentliche Grie-chenland in die Hand zu geben, so dürfen wir wohl daraus nicht ohne weiteres auf eine specielle Breitensetzung Athens schliessen, doch zeigt sich schon hier, wie in den folgenden Parallelen, ein bedenkliches Schwanken in grossen Differenzen, hier nach Süden, weiterhin nach Norden, das sehr gegen die Genauigkeit absticht, mit der Hipparch die Breite der bisher aufgeführten Orte ange-geben hatte. Wir vermögen dafür keinen weitern Erklärungs-grund zu erspähen, als den, Hipparch habe sich für die fragli-chen Punkte fremder und zwar falscher Angaben bedient, einem Mathematiker von Fach würde es aber vielleicht gelingen kön-nen, noch etwas weiter zu blicken.

V. Fragm. 12. a.) Strab. II. C. 134.

Ἐν δὲ τοῖς περὶ Ἀλεξάνδρειαν μέρεσι τῆς Τρῳάδος, κατ' Ἀμφίπολιν καὶ Ἀπολλωνίαν τὴν ἐν Ἠπείρῳ, καὶ τοὺς Ῥώμης μὲν νοτιωτέρους, βορειοτέρους δὲ Νεαπόλεως, ἡ μεγίστη ἡμέρα ἐστὶν ὡρῶν ἰσημερινῶν δεκαπέντε· ἀπέχει δὲ ὁ παρ-άλληλος οὗτος τοῦ μὲν δι' Ἀλεξανδρείας τῆς πρὸς Αἰγύπτῳ ὡς ἑπτακισχιλίοις σταδίοις πρὸς ἄρκτον, τοῦ δ' ἰσημερινοῦ ὑπὲρ δισμυρίους ὀκτακισχιλίους ὀκτακοσίους, τοῦ δὲ διὰ Ῥόδου τρισχιλίους τετρακοσίους, πρὸς νότον δὲ Βυζαντίου καὶ Νικαίας καὶ τῶν περὶ Μασσαλίαν χιλίους πεντακοσίους, —

b.) Hipp. ad Arat. Uranol. p. 178 D.

ὅπου δὲ ἡ μεγίστη ἡμέρα λόγον ἔχει πρὸς τὴν ἐλαχίστην, ὃν ἔχει τὰ ε' πρὸς τὰ γ', ἐκεῖ ἡ μὲν μεγίστη ἡμέρα ἐστὶν ὡρῶν ιε'· τὸ δὲ ἔξαρμα τοῦ πόλου μοι. μα' ὡς ἔγγιστα. δῆλον τοίνυν ὅτι οὐ δυνατὸν ἐν τοῖς περὶ τὴν Ἑλλάδα τὸν προειρημένον εἶναι λόγον τῆς μεγίστης ἡμέρας πρὸς τὴν ἐλαχίστην, ἀλλὰ μᾶλλον ἐν τοῖς περὶ τὸν Ἑλλήσποντον τόποις.

Die einzige astronomische Bestimmung, die uns Strabo für den Parallel aufbewahrt hat, der Eintritt des längsten Tages von 15 h, fällt nach der Ptolemäischen Tabelle auf 40° 55'.

In Betreff der hier von Strabo angeführten Städte befinden
wir uns in dem nämlichen Falle, wie bei den phönicischen Städten in dem Frgm. V. A.   Obwohl wir ihre Breitenbestimmung
durch Hipparch in Ermangelung anderwärtsher sich bietender,
sicherer Stützpunkte principiell nicht als erwiesen hinzustellen
vermögen, so sind doch die meisten von ihnen so bedeutend, die
Möglichkeit, astronomische Notizen über sie zu erhalten, so ausser
Zweifel, ihre geringe Zahl so wenig gefährdend für die Beschränkung, die in den Worten der Ptolemäischen Nachricht von Hipparchs Polhöhebestimmungen liegt (ἐπ' ὀλίγων πόλεων — ἐξ-
αίρματα τοῦ βορείου πόλου παρέδωκεν s. Frgm. IV. 6.), ihre
Aufführung in der Stelle selbst so abgehoben gegen die gewöhn-
lichere Art des Strabo, seine Parallelen nach Osten und Westen
durch die bekannte Welt verlaufen zu lassen, die sich erst in
der eigens angeknüpften Erwähnung eines wirklichen Eratosthenischen Parallels von Lysimachia mit den Worten ὄν φησιν
Ἐρατοσθένης u. s. w. wieder einstellt, dass man sich versucht
fühlen muss, das Gesammtgewicht dieser Umstände einer positiven Parallelnachricht gleich zu achten.   Sämmtliche hierherge-
hörige Städte, mit Ausnahme von Byzanz und merkwürdigerweise
Nicaea, der Vaterstadt unseres Astronomen, entsprechen ihrer
wirklichen Breite nach der Distanz vom 40. bis 41. Grad oder
dem Verhältnisse zu derselben, das ihnen Strabo beimisst, zu
irgend einer specielleren Berechnung aber fehlt jeglicher Anhaltepunkt.

Strabos Stadiensummen halten im Ganzen Schritt mit seinen
Angaben, denn die Differenzen sind gering, und man darf sich
über das Auftreten derselben gar nicht wundern, wenn man bedenkt, dass Strabo der Hauptsache nach nur runde Zahlen wollte,
dass er zwischen Zahlen, die aus astronomisch berechneten
Distanzen flossen (z. B. Alexandria · Rhodus), und althergebrach-
ten Eratosthenischen Zahlen (Syene — Alexandria) abwechselte,
dass er es meistens im Unklaren lässt, welche Punkte genau genommen als die Endpunkte einer einzelnen Strecke in Stadien
anzusehen seien, da er im Verlauf seines Verfahrens, die feineren
Breitenlinien einer Graddistanz zusammenzulegen, auch mit
diesen Punkten zu wechseln pflegt.   Gossellin (rech. Hipp.
S. 24 ff.) macht auf eine solche wiederkehrende Differenz von c.
200 Stad. aufmerksam und sucht sie nach seinen Berechnungen

dadurch zu erklären, dass Strabo statt des 36. Grades, der allgemein für Rhodus feststand, die specielle Breite von Rhodus in Anwendung gebracht habe, trifft aber damit nur einen Theil der Ursachen. Wenn man annimmt, Strabo habe bei Rhodus, Byzanz und einer Stelle im Pontus, die dem 45. Grade Hipparchs entsprach, die Grade desselben, bei Alexandria in Troas (nach Hipparch wahrscheinlich richtiger dem Hellesponte) aber die Breitenlinie des längsten Tages von 15ʰ als massgebende Punkte zu Grunde gelegt, so zeigt sich an allen diesen Stellen allerdings eine Differenz von $+ 200$, woraof am Borysthenes eine von $+ 400$ Stadien folgt. Dieser Ueberschuss lässt sich folgendermassen nachrechnen. Schon bei Alexandria erhält Strabo, wenn er die Breite der Stadt nach Hipparch festhielt ($30°\ 58' = 21{,}670$ Stad. vom Aequator), etwa 130 Stadien zu viel, dadurch dass er vorher alte Stadiensummen addirt hat, so von dem festen Punkte Syene ($24° = 16{,}800$ vom Aeq.) bis Alexandria 5000 statt 4870 ($= c.\ 6°\ 58'$). Rechnet man zu diesen 130 Stadien Ueberschuss bei Alexandria noch die 10′, die die Stadt Rhodus nach Hipparch nördlich vom Parallel, dem 36. Grade lag, so bekommen wir da 10′ $= 117$ Stadien sind, die circa 240 Stadien Cossellius, die sich weiterhin nochmals durch Verlust von 40 en 200 abrunden, da man bei dem vorliegenden Parallel von Alexandria in Troas den Aequatorabstand in Stadien nach Strabo $= 28{,}800$ schon auf die richtigere Zahl 28,840 (3·440 nördlich von Rhodus) zurückführen muss, um durch Abzug der Breite von $40°\ 55'$ (längster Tag von 15ʰ) $= 28{,}640$ die Differenz von 200 zu erhalten.

V. Fragm. 13. a.) Fortsetzung:

— Ἐν δὲ τοῖς περὶ τὸ Βυζάντιον ἡ μεγίστη ἡμέρα ὡρῶν ἐστιν ἰσημερινῶν δεκαπέντε καὶ τετάρτου, ὁ δὲ γνώμων πρὸς τὴν σκιὰν λόγον ἔχει ἐν τῇ θερινῇ τροπῇ, ὃν τὰ ἑκατὸν εἴκοσι πρὸς τετταράκοντα δύο λείποντα πέμπτῳ. ἀπέχουσι δ᾽ οἱ τόποι οὗτοι τοῦ διὰ μέσης τῆς Ῥοδίας περὶ τετρακισχιλίους καὶ ἐνακοσίους, τοῦ δ᾽ ἰσημερινοῦ ὡς τρισμυρίους τριακοσίους.

b.) Strab. II. C. 71.

— ὅρα γὰρ, εἰ τοῦτο μὲν μὴ κινοίη τις, τὸ τὰ ἄκρα τῆς Ἰνδικῆς τὰ μεσημβρινὰ ἀνταίρειν τοῖς κατὰ Μερόην, μηδὲ

τὸ διάστημα τὸ ἀπὸ Μερόης ἐπὶ τὸ στόμα τὸ κατὰ Βυζάν
τιον, ὅτι ἐστὶ περὶ μυρίους σταδίους καὶ ὀκτακισχιλίους, —.

c.) Weiter unten:

— τὸ πρῶτον μὲν γὰρ εἴπερ ὁ αὐτός ἐστι παράλληλος ὁ
διὰ Βυζαντίου τῷ διὰ Μασσαλίας, καθάπερ εἴρηκεν Ἵππαρχος
πιστεύσας Πυθέᾳ, —.

d.) Strabo I. C. 63.

— Τὸν δὲ διὰ τοῦ Βορυσθένους παράλληλον τὸν αὐτὸν εἶναι
τῷ διὰ τῆς Βρεττανικῆς εἰκάζουσιν Ἵππαρχός τε καὶ ἄλλοι
ἐκ τοῦ τὸν αὐτὸν εἶναι καὶ τὸν διὰ Βυζαντίου τῷ διὰ Μασ
σαλίας· ὃν γὰρ λόγον εἴρηκε [Πυθέας] τοῦ ἐν Μασσαλίᾳ
γνώμονος πρὸς τὴν σκιάν, τὸν αὐτὸν καὶ Ἵππαρχος κατὰ
τὸν ὁμώνυμον καιρὸν εὑρεῖν ἐν τῷ Βυζαντίῳ φησίν.

e.) Str. II. C. 106.

— εἴπερ ἡ μὲν Νάρβων ἐπὶ τοῦ αὐτοῦ παραλλήλου σχεδόν
τι ἵδρυται τῷ διὰ Μασσαλίας, αὕτη τε τῷ διὰ Βυζαντίου,
καθάπερ καὶ Ἵππαρχος πείθεται, —.

f.) Str. II. C. 115.

— τοῦ δὲ παραλλήλου τοῦ διὰ Βυζαντίου διὰ Μασσαλίας
πως ἰόντος, ὥς φησιν Ἵππαρχος πιστεύσας Πυθέᾳ, (φησὶ
γὰρ ἐν Βυζαντίῳ τὸν αὐτὸν εἶναι λόγον τοῦ γνώμονος πρὸς
τὴν σκιάν, ὃν εἶπεν ὁ Πυθέας ἐν Μασσαλίᾳ), τοῦ δὲ διὰ
Βορυσθένους ἀπὸ τούτου διέχοντος περὶ τρισχιλίους καὶ
ὀκτακοσίους, —.

Die Angabe des Gnomonverhältnisses und des längsten Tages bezeichnet den 43. Grad und ein wenig darüber. Der Schatten des Gnomons wie $41\frac{1}{5}$ zu 120 ergiebt nach der allgemeinen
Angabe der Schiefe der Ekliptik eine Breite von 43° 12′, nach
der detaillirten (23° 51′ 20″) 43° 3′ 20″, der längste Tag $15\frac{1}{4}$ͪ
nach der Ptolemäischen Tabelle 43° 5′.

Die Schwierigkeit der Frage über die Breitenbestimmungen
von Massilia und Byzanz, die Fuhr (Pytheas S. 72) besonders
betont, liegt vielleicht grossentheils in dem sehr natürlichen Zögern, einem so grossen Astronomen wie Hipparch, der dem ausdrücklichen Zeugnisse des Ptolemäus zu Folge [1] sicherlich nicht
so viele Leichtgläubigkeit an den Tag legte, wie Lelewel Pytheas
S. 71 ihm beimisst, einen so bedeutenden Beobachtungsfehler

---

1) Vergl. S. 9.

zuzutrauen. Die Fragmente sprechen der Hauptsache nach - un-
zweideutig, aber einigermassen unterstützt von einem gelinden
Misstrauen gegen den überliefernden Schriftsteller, der die Sache,
von der er berichtete, auch nur oberflächlich verstanden habe
und es zugleich bei Gestaltung des Materials zu seinen Beweis-
führungen mit eigentlicher Bedeutung und Form anderwärts ent-
lehnter Angaben nicht immer ganz genau nahm, in der Hoffnung
und Versuchung, aus dem durch geistvolle und gründliche Forschung
sich mehr und mehr lichtenden Dunkel der einschliessenden grösseren Verhältnisskreise unerwartet einen Weg zur befriedigenden
Lösung herauszusehen, mag wohl die Neigung auftauchen, sich
vom Texte loszuwinden, wie es Gossellin thut, und das Resultat
gewinnt, Strabo verstehe die Sache nicht, Pytheas sei Schuld,
denn Hipparch könne sich nicht so geirrt haben. Durch seine
am Schlusse der offen gelassenen Frage beigefügte Vermuthung
(S. 71), löst Fuhr einen Theil derselben, das Verhältniss Strabos
zu den Breitenbestimmungen der beiden Astronomen betreffend,
jedenfalls richtig, denn die Breitenangabe des Hipparch macht
Strabo zur seinigen (s. d. Fragment), die des Pytheas über Massilia bekämpft er und macht ihre Annahme dem Hipparch zum
Vorwurf, wie man am deutlichsten aus Fragm. f und dessen Zusammenhang ersehen kann, wo er ihre Fahrlässigkeit zu erweisen
bemüht ist. Um aber zu dieser Vermuthung zu kommen, muss
man, wie es auch Fuhr kurz vorher gethan hat, annehmen, Pytheas habe das Gnomonverhältniss Massiliens bestimmt, Hipparch
aber das Byzantiums angegeben. Beides ist auch nach der Aussage und dem Zusammenstimmen der Fragmente zweifellos, denn
dass zu dem εἴρηκε des Frgm. d kein anderes Subject zu denken sei, als Pytheas, nicht etwa Eratosthenes, geht einfach aus
Fragm. f hervor, in dem dieselbe Aussage (ὃν εἶχεν Πυθέας
ἐν Μασσαλίᾳ) unter Beifügung des, dort wahrscheinlich durch
einen Schreibfehler ausgelassenen, Subjectes wiederkehrt. Dazu
ist Pytheas, obgleich die fortlaufende Darstellung den Eratosthenes begleitet, doch in der engeren Stelle (C. 63) nicht gelegentlich erwähnt, sondern ist mit seinen Nachrichten und deren be-
tonter Unglaubwürdigkeit als Grundlage der Einwürfe, welche
Strabo hier gegen die von Eratosthenes angenommene Breite der
οἰκουμένη erhebt, im Mittelpunkt stehend zu betrachten. Ebenso
rettet nichts von der Annahme, dass von Seiten Hipparchs eine

wenigstens ungefähre Breitensetzung von Byzanz lautend auf 43°
vorgelegen und dass Hipparch diese mit der Beobachtung des
Pytheas, die er für richtig hielt, verglichen und aus der Uebereinstimmung beider den gleichen Parallel für die zwei Städte
constatirt habe, wie c, d und e in voller Uebereinstimmung aus-
sprechen[1]. Wollte man den Text Strabos nicht nur respectiren,
sondern ohne allen Vorbehalt zur Richtschnur nehmen, so müsste
Hipparch, wie Pytheas in Massilien, selbst in Byzanz die Gno-
monzahl 120:41⅘ beobachtend erfunden haben, das wirft uns
aber eine neue Frage in den Weg, nehmlich die, ob in jener
Zahl eigentlich die Angabe des Pytheas über das Gnomonverhältniss in Massilia, oder des Hipparch über das von Byzanz vorliege,
denn dass ein Beobachter an dem einen Orte mit seinem Fehler
bis auf das Fünftel genau die Zahl des Beobachters am andern
Orte getroffen habe, ist sicherlich eben so unwahrscheinlich, als
es gewiss ist, dass selbst eine Differenz von einem halben Grade
die Annahme des gleichen Parallels nicht wesentlich hindern und
den Ausdruck: ὁ αὐτὸς λόγος τοῦ γνώμονος πρὸς τὴν σκιάν,
— τοῦ παραλλήλου τοῦ διὰ Βυζαντίου διὰ Μασσαλίας πως
ἰόντος nicht unmöglich machen konnte. Man darf also die beiden Gnomonverhältnisse, wenn zwei existirten, nicht ohne weiteres identificiren und umstellen, und die bisher allgemeine Annahme, die Zahl selbst stamme vom Pytheas[2], müsste man erst
zu beweisen versuchen, dann aber würde man zugleich den Beweis dafür haben, dass von Hipparch selbst gar keine Gnomon-
beobachtung für Byzanz vorgelegen habe, denn wenn eine solche
vorhanden war, so hatte Strabo doch nicht den mindesten Grund,
diese, die von seinem astronomischen Gewährsmanne kam, bei
Seite zu legen und die des verhöhnten Pytheas seinem Parallele
einzuverleiben.

Dass Kleomedes (cycl. theor. II. c. I.) den längsten Tag für Massilia besonders auf 15½ʰ angiebt, was auf eine Breite von etwa
45° weist, das mag wohl an Bedeutung verlieren, wenn man ge-

1) Die Angabe hat sich in voller Geltung erhalten bis zu Ptolemäus, der II. 10 §. 8 und III. 11 §. 4 Massilia und Byzanz gleicherweise auf 43° 5′ setzt.   2) Gossellin rech. sur la géogr. d'Hipp. IV.
S. 39. Lelewel, Pytheas S. 69. Uebers. v. Hoffmann. Bessell, Pytheas,
S. 2.

gen dessen wenige und runde Angaben in jener Stelle die ver-
hältnissmässig sorgfältigeren und vielfach übereinstimmenden Aus-
sagen Strabos in Betracht zieht.   Dass aber Strabo bei Aufstellung seiner Parallels von Byzanz das Verhältniss 120:41⅘ hinstellt ohne einen Rückblick auf Pytheas, sein Ausdruck: τὸν αὐτὸν καὶ Ἵππαρχος κατὰ τὸν ὁμώνυμον καιρὸν εὑρεῖν ἐν
Βυζαντίῳ φησίν, kann zu Gunsten jener allgemeinen Annahme
nur durch die Gewohnheit Strabos gedeutet werden, zufolge deren
er Ansichten und Angaben, denen Hipparch beipflichtete, die er
hevorzugte, ja sogar denen er nur nicht widersprochen hatte, als
dessen grundeigene zu behandeln pflegte[1]) und somit auch keinen
Anstoss nehmen mochte, die Zahl des Pytheas ohne weiteres einzusetzen.

Weiter wollen wir hierzu noch des Umstandes gedenken,
dass Strabo da, wo er die von Hipparch vorgenommene Vergleichung der beiden Gnomonzahlen erwähnt, beide Male, in d u. f,
die Zahl des Massiliers in den Vordergrund stellt, und dass man
namentlich in d, wenn eine Hipparchische Zahl feststand, statt
des dort gegebenen Wortlautes hätte erwarten sollen: ὃν γὰρ
λόγον εἴρηκεν Ἵππαρχος τοῦ ἐν Βυζαντίῳ γνώμονος πρὸς
τὴν σκιάν, τὸν αὐτὸν καὶ Πυθίαν εὑρεῖν ἐν τῇ Μασσαλίᾳ
φησίν; endlich, dass die Zahl allerdings für Massilia so genau
ist, wie man sie nur verlangen kann, während die Unrichtigkeit
der Angabe für Byzanz gewaltig absticht gegen die Sicherheit,
mit der Hipparch die Breite von Alexandria, Rhodus, Syrakus
bestimmte.

Weitere Gründe und Belege dafür, dass die Zahl dem Pytheas angehöre, vermögen wir nicht zu entdecken und wollen
auch die vorliegenden nicht überschätzen.   Will man sie für
gültig annehmen, so bietet sich als Resultat, dass dem Pytheas
seine genaue Beobachtung erhalten bleibt, Hipparch von der falschen freigesprochen wird.   Letzterer könnte dann eine Gnomon-
beobachtung in Byzanz nicht selbst vorgenommen und in seiner
Tabelle auch keine verzeichnet haben, sondern könnte sich höch-

---

1) Vgl. Strab. II. C. 71 u. 76. Wie verhängnissvoll schiebt Strabo
dem Hipparch die Breitenausdehnung Indiens zu 30,000 Stadien unter,
während derselbe (II. C. 69) weiter-nichts gesagt hatte, als wenn man
einmal nach Reisemaassen rechne, müsse man nicht bloss einen, sondern auch die andern Reisenden berücksichtigen. Vgl. Frgm. Melhe IX.

stens auf eine von dort überlieferte, oder auf eine andere astronomische Angabe, die ein gleiches oder nahezu gleiches Gnomonverhältniss wie das in Massilia an die Hand gab, bezogen haben. Strabo endlich hätte die Zahl des Pytheas in Ermangelung einer Hipparchischen für Byzanz benutzt [1]).

Strabos Zahlen zeigen dieselben Symptome wie die der beiden vorhergehenden Parallelen. Die 30,100 Stadien, die der 43. Grad erfordert, werden durch den Ueberschuss von 200 Stadien, der sich von Rhodus her zeigte, zu 30,300 erhoben. Um zu sehen, wie unmöglich es sei, aus den Strabonischen Zahlen allein einen Anhaltepunkt für bestimmte Punkte zu gewinnen, brauchen wir nur darauf aufmerksam zu machen, dass sich für die Entfernung vom Aequator bis nach Byzanz an verschiedenen Stellen vier verschiedene Stadienzahlen ausrechnen lassen: nach C. 71 = 29,800, nach derselben Stelle und C. 75 = 29,900); nach C. 100 (u. 110) = 30,400; nach C. 115, 116, 134 und einer später noch in C. 71 auftretenden Zahl 30,300. Die Quellen für die Verschiedenheit dieser Zahlen sind wiederum meistens die schon früher erwähnten. Strabo giebt den einzelnen Entfernungen, wo er sie gerade braucht, beliebige Endpunkte und geräth dadurch namentlich wieder beim Borysthenes, von dessen Entfernungszahlen die meisten der obigen abhängen. In Schwan-

---

1) Erwähnen wollen wir noch die Ansicht von Formaleoni (storia filosofica e politica della navigazione, del commercio e delle colonie degli antichi nel mar nero. Venez. 1788), der II. cap. VII, S. 800 ff. den Hipparch geradezu des Betrugs beschuldigt (Ecco provenne da ciò che l'osservazione d'Ipparco era una solenne impostura S. 354). Sowie sich Hipparch den chaldäischen Sternkatalog angeeignet, habe er auch versucht, sich der Tafeln der Chaldäer, die Aufschluss gaben über die kleinste Sonnenhöhe auf den verschiedenen Parallelen der Erde, zu bemeistern. Einer dieser Parallelen (S. 366) sei durch Byzanz gegangen und Hipparch habe nun nach der dabei angegebenen Sonnenhöhe auf trigonometrischem Wege das entsprechende Gnomonverhältniss berechnet, habe aber unglücklicherweise dabei die Schiefe der Ekliptik in Rechnung gebracht, die zu seiner Zeit gegolten habe (23° 23′), anstatt der aus der Zeit der mehrere Jahrtausende vorher abgefassten chaldäischen Tabellen (25° 70′]. Die Ansicht von jenem Urvolke und den Urkarten desselben, welche Martin (Revue archéol. XI. p. 89) einen mathematischen Roman nennt (vgl. Abendroth, Gradmess. S. 4) ist bereits genugsam zurückgewiesen. Vgl. noch Fabr. Bibl. Gr. über Hipparch.

ken zwischen dem 48. Grade (33,600) und dem Parallel des Eintritts von 16ʰ für den längsten Tag (33,950, 34,000 s. u.). Andererseits verfährt er bei Wiederaufnahme der Berechnungen betreffs der arrondirten Zahlen theils so, dass er die durch dieselben entstehenden Differenzen nicht berücksichtigt, theils dass er sie berücksichtigt und nun entweder die ursprüngliche Zahl wieder einführt, oder auch durch Uebertragung der Differenz auf andere Zahlen das Verhältniss zu reguliren versucht. Letzteres zeigt sich namentlich bei der Differenz der Zahl 3700—3800 von Byzanz bis zum Borysthenes, die ihrerseits ihren Ueberschuss von 100 Stadien erhält von der Eratosthenischen Zahl 18,100 von Meroe bis zum Hellespont (C. 63), welche Strabo für die Entfernung Meroe — Byzanz braucht (C. 71) und dabei zu 18,000 abrundet, während sie später in ihrer Erhöhung wieder schuld ist, dass Strabo im folgenden Fragmente 15ᶜ einmal den Borysthenes auf 34,100 statt auf 34,000 setzt.

V. Fragm. 14. Strab. II. C. 134.

— εἰσπλεύσασι δ' εἰς τὸν Πόντον καὶ προελθοῦσιν ἐπὶ τὰς ἄρκτους ὅσον χιλίους καὶ τετρακοσίους ἡ μεγίστη ἡμέρα γίνεται ὡρῶν ἰσημερινῶν δεκαπέντε καὶ ἡμίσους· ἀπέχουσι δ' οἱ τόποι οὗτοι ἴσον ἀπό τε τοῦ πόλου καὶ τοῦ ἰσημερινοῦ κύκλου καὶ ὁ ἀρκτικὸς κύκλος κατὰ κορυφὴν αὐτοῖς ἐστιν, ἐφ' οὗ κεῖται δ τ' ἐν τῷ τραχήλῳ τῆς Κασσιεπείας καὶ ὁ ἐν τῷ δεξιῷ ἀγκῶνι τοῦ Περσέως μικρῷ βορειότερος ὤν.

Die Stundenzahl des längsten Tages (nach Ptolemäus Tabelle), die Bestimmungen, der arktische Kreis sei im Zenith, die Mitte zwischen Gleicher und Pol stimmen zusammen für den 45. Grad. Den Stern mitten im Leibe des Perseus (Algenib) setzt Hipparch [M]° vom Pole entfernt, demnach muss damals der Stern η des Perseus etwa 24° vom Pole gestanden haben; den Stern im Fusse der Kassiepeia (ε) giebt er auf 38° vom Pol an, wonach der im Halse (Scheder, α) 45° vom Pole abstand[1].

Es ist der Parallel Hipparchs, der am reinsten erhalten ist, denn Strabo wusste ihn mit keinem Orte in Verbindung zu setzen und wollte ihn, wie es scheint, gleichwohl seiner ausgezeichneten Lage gegen Gleicher und Pol zu Liebe nicht bei Seite lassen.

---

1) Vrgl. Hipp. ad Ar. Uranol. pag. 201 E. a. 206 D.

V. Fragm. 15. a.) Strab. II. C. 72.

— ἐπεὶ οὖν φησιν ἀπὸ τοῦ ἰσημερινοῦ τὸν διὰ Βορυσθένους διέχειν τρισμυρίους καὶ τετρακισχιλίους σταδίους, —.

b.) C. 97.

— σταδίους τρισμυρίους καὶ τετρακισχιλίους, ὅσους ἀπὸ τοῦ ἰσημερινοῦ ἐπὶ τὸν Βορυσθένη φησὶν εἶναι Ἵππαρχος.

c.) Strab. II. C. 135.

Ἔν τι τοῖς ἀπέχουσι Βυζαντίου πρὸς ἄρκτον ὅσον τρισχιλίους ὀκτακοσίους ἡ μεγίστη ἡμέρα ἐστὶν ὡρῶν ἰσημερινῶν δεκαἕξ· ἡ οὖν δὴ Κασσιέπεια ἐν τῷ ἀρκτικῷ φέρεται. εἰσὶ δ' οἱ τόποι οὗτοι περὶ Βορυσθένη καὶ τῆς Μαιώτιδος τὰ νότια· ἀπέχουσι δὲ τοῦ ἰσημερινοῦ περὶ τρισμυρίους τετρακισχιλίους ἑκατόν. ὁ δὲ κατὰ τὰς ἄρκτους τόπος τοῦ ὁρίζοντος ἐν ὅλαις σχεδόν τι ταῖς θεριναῖς νυξὶ παραυγάζεται ὑπὸ τοῦ ἡλίου ἀπὸ δύσεως ἕως καὶ ἀνατολῆς ἀντιπεριισταμένου τοῦ φωτός. ὁ γὰρ θερινὸς τροπικὸς ἀπέχει ἀπὸ τοῦ ὁρίζοντος ἑνὸς ζωδίου ἥμισυ καὶ δέκατον·[1] τοσοῦτον οὖν καὶ ὁ ἥλιος ἀφίσταται τοῦ ὁρίζοντος κατὰ τὸ μεσονύκτιον. καὶ παρ' ἡμῖν δὲ τοσοῦτον τοῦ ὁρίζοντος ἀποσχὼν πρὸ τοῦ ὄρθρου καὶ μετὰ τὴν ἑσπέραν ἤδη καταυγάζει τὸν περὶ τὴν ἀνατολὴν ἢ τὴν δύσιν ἀέρα. ἐν δὲ ταῖς χειμεριναῖς ὁ ἥλιος τὸ πλεῖστον μετεωρίζεται πήχεις ἐννέα. φησὶ δ' Ἐρατοσθένης τούτους τῆς Μερόης διέχειν μικρῷ πλείους ἢ δισμυρίους τρισχιλίους. διὰ γὰρ Ἑλλησπόντου εἶναι μυρίους ὀκτακισχιλίους, εἶτα πεντακισχιλίους εἰς Βορυσθένη. ἐν δὲ τοῖς ἀπέχουσι τοῦ Βυζαντίου σταδίους περὶ ἑξακισχιλίους τριακοσίους, βορειοτέροις οὖσι τῆς Μαιώτιδος, κατὰ τὰς χειμερινὰς ἡμέρας μετεωρίζεται τὸ πλεῖστον ὁ ἥλιος ἐπὶ πήχεις ξ̅, ἡ δὲ μεγίστη ἡμέρα ἐστὶν ὡρῶν ἰσημερινῶν δεκαεπτά.

Als erweiternde Parallelstelle ist hier mit auzuführen

V. Fragm. 16. Str. II. C. 75.

Φησὶ δὲ ὁ Ἵππαρχος κατὰ τὸν Βορυσθένη καὶ τὴν Κελτικὴν ἐν ὅλαις ταῖς θεριναῖς νυξὶ παραυγάζεσθαι τὸ φῶς τοῦ ἡλίου περιιστάμενον ἀπὸ τῆς δύσεως ἐπὶ τὴν ἀνατολήν, ταῖς δὲ χειμεριναῖς τροπαῖς [τὸ] πλεῖστον μετεωρίζεσθαι τὸν ἥλιον ἐπὶ πήχεις ἐννέα, ἐν δὲ τοῖς ἀπέχουσι τῆς Μασσαλίας ἑξακισχιλίοις καὶ τριακοσίοις (οὓς ἐκεῖνος μὲν ἔτι Κελτοὺς ὑπο-

---

[1] Gewöhnlich δωδέκατον.

λαμβάνει, ἐγὼ δ' οἶμαι Βρεττανοὺς εἶναι, βορειοτέρους τῆς
Κελτικῆς σταδίοις δισχιλίοις πεντακοσίοις) πολὺ μᾶλλον τοῦτο
συμβαίνειν. ἐν δὲ ταῖς χειμεριναῖς ἡμέραις ὁ ἥλιος μετεωρίζεται πήχεις Ϛ, τέτταρας δ' ἐν τοῖς ἀπέχουσι Μασσαλίας
ἐνακισχιλίους σταδίους καὶ ἑκατόν, ἐλάττους δὲ τῶν τριῶν
ἐν τοῖς ἐπέκεινα, οἳ [καὶ] κατὰ τὸν ἡμέτερον λόγον πολὺ
ἂν εἶεν ἀρκτικώτεροι τῆς Ἰέρνης. οὗτος δὲ Πυθέᾳ πιστεύων
κατὰ τὰ νοτιώτερα[1]) τῆς Βρεττανικῆς τὴν οἴκησιν ταύτην
τίθεσι, καί φησιν εἶναι τὴν μακροτάτην ἐνταῦθα ἡμέραν
ὡρῶν ἰσημερινῶν δέκα ἐννέα, ὀκτωκαίδεκα δὲ ὅπου τέτταρας
ὁ ἥλιος μετεωρίζεται πήχεις· οὓς φησιν ἀπέχειν τῆς Μασσαλίας ἐνακισχιλίους καὶ ἑκατὸν σταδίους, ὥσθ' οἱ νοτιώτατοι
τῶν Βρεττανῶν βορειότεροι τούτων εἰσίν.

Beide Fragmente, die sich nicht gut zerlegen liessen, enthalten Bemerkungen und Bestimmungen zum 48., 54., 58. und
61. Grade Hipparchs.

Der längste Tag von 16ʰ gehört wahrscheinlich zwischen
den 48. und 49. Grad (nach Ptol. Tab. 48° 30'). Die Kassiepeia scheint südlich bis zu den beiden Sternen θ u. ζ angenommen[2]), der Wendekreis des Krebses soll sich ⅙₂ eines Zeichens
(17½ Grad) über den Horizont erheben, da aber direct vom 48.
Grade die Rede ist, wo sich die Sonne im Wintersolstitium um
18 Grade erhebt, so dürfte wohl der Vorschlag zu einer geringen
Aenderung des Textes erlaubt sein. Wir brauchen nur statt κα'
δωδέκατον zu lesen καὶ δέκατον, so ist die Erhebung des Wen-
dekreises über den Horizont statt auf ⅛₂ auf ⁸⁄₁₀ eines Zeichens
(18°) angegeben, wie es die Polhöhe von 48° erfordert.

Obgleich wir nun in Folge unserer Voraussetzungen betreffs der Entstehung und Gestalt der Hipparchischen Tabelle über
das Verhältniss der letzteren zu den astronomischen Angaben des
Pytheas nicht mit Bessell übereinstimmen konnten[3]), folgen wir
doch ohne Rückhalt dessen Annahmen über die Ausdehnung der
Oceanfahrt des Pytheas und über den massgebenden Einfluss,
den die mathematisch-geographischen Notizen desselben auf die
geographischen Ideen des Hipparch ausüben mussten[4]). Wenn

---

1) So allgemein handschriftlich. In den neueren Ausgaben corrig.
in ἀρκτικώτερα. 2) Vrgl. die Angabe des vor. Fragmentes. 3) Vrgl.
S. 80. 4) Vrgl. Pyth. S. 21. 52.

nun die Fahrt des Pytheas von Gades längs der europäischen
Oceanküste, an denen des Kanals und der Nordsee hin bis nach
Norwegen ging, so ist nothwendige Consequenz davon, dass Hipparch hierdurch im Besitze einer Menge von Ortsangaben war,
wie er sie nicht besser wünschen konnte, um sie mit seinen Berechnungen für die nördlich vom 36. Grade gelegenen Parallelen
zu vergleichen und für die Entwerfung einer Karte zu notiren.
Strabo bezeugt dies ausdrücklich bei der Besprechung des Parallels von Massilia und nachmals ebenso für die Gegenden bis
zum 61. Grade (οὗτος ὁ Πυθέα πιστεύων κατὰ τὰ νοτιώτερα
τῆς Βρεττανικῆς τὴν οἴκησιν ταύτην ·τίθησιν, —). War die
erste Spur hiervon die Vergleichung der Breite von Byzanz und
Massilia, so liegt uns hier die zweite vor, die Angabe, dass die
Nordküste der Keltike unter dem 48. Grade liege[1]), unter gleichem Parallel mit dem Borysthenes nach der festgehaltenen Aus-
drucksweise Strabos. Dieselbe Quelle bleibt uns für die Bemerkung über die kurzen Nächte am Borysthenes, wenn wir den
Umstand nicht als von den dort wohnenden Griechen allgemein
verbreitet annehmen wollen. Hipparch fügte, wie wir sehen,
einen Erklärungsversuch hinzu. So viel fanden wir über den 48.
Grad. Ein Versuch zur Erklärung der Straboischen Stadienzahl —
34,100 vom Aequator, ist bereits zu Fragm. V. 13. angeführt.
Die Worte: εἰσὶ δ' οἱ τόποι οὗτοι κ. τ. λ. halten wir für Zusatz
Strabos, ohne zu verkennen, dass die allgemein gehaltene Angabe
über die bekannte Gegend auch der Hipparchischen Darstellung
ziemlich adaequat gewesen sei.

Was die weiteren Parallelen anlangt, so haben wir, um unsern früher angegebenen Weg bei Besprechung der Ueberbleibsel der Hipparchischen Grade festzuhalten, zuerst auf die erhaltenen Phänomene zurückzugehen.

Die Bestimmungen, dass sich die Sonne auf 6 Ellen (12
Grade) erhebe, und dass der längste Tag 17 Stunden zähle (vgl.
die Ptolemäische Tabelle), bezeichnen den 54 Grad.

Die Sonnenhöhe im Wintersolstitium von 4 Ellen oder 8 Grad,

---

1) So bezeugen ausdrücklich die Stellen in C. 71, 72, 73, 74 u. 75.
Dass der Parallel durch Brittannien laufe, wie C. 63 u. 115 steht, ist
Annahme Strabos, zu welcher er den Hipparch corrigiren und vermöge
seiner Breitenzahlen von Byzanz und Borysthenes verpflichten wollte.
Das Nähere hierüber weiter unten.

die Dauer des längsten Tages von 18 Stunden (s. d. Ptol. Tabelle) bezeichnen ebenso aufs genaueste den 58. Grad.

Die Sonnenhöhe von weniger als 3 Ellen, wir können wohl gleich, der abermals vorhandenen völligen Uebereinstimmung mit der Ptolemäischen Tabelle wegen $2\frac{1}{2}$ Elle oder 5 Grade schreiben, der längste Tag von 19 Stunden ergeben den 61. Grad.

Was Hipparch von den Ortsbestimmungen des Pytheas angenommen und mit seinen Parallelen in Beziehung gesetzt habe, davon wollte Strabo nichts überliefern, denn die Angaben hielt er ja für unglaubwürdig (s. C. 63), ausserhalb der bewohnten und bekannten Welt gelegen und somit unnütz (vrgl. C. 135). In seiner beiläufig gebotenen, tadelnden Bemerkung aber bietet er gleichwohl einen schwachen Anhaltepunkt als Spur einer allgemeinen Bestimmung. Es sind die Stellen: οὓς ἐκεῖνος μὲν ἔτι Κελτοὺς ὑπολαμβάνει — — οὗτος δὲ Πυθέα πιστεύων κατὰ τὰ νοτιώτερα τῆς Βρεττανικῆς τὴν οἴκησιν ταύτην τίθησι — und ὥσθ' οἱ νοτιώτατοι τῶν Βρεττανῶν βορειότεροι τούτων εἰσίν. Um zu diesem Anhalt zu gelangen bedarf es keiner Conjectur, sondern im Gegentheil muss man den Strabonischen Text nehmen, wie er ist und handschriftlich allgemein übereinstimmt. Will man, wie du Theil, Groskurd, Cramer, Meineke, Fuhr statt κατὰ τὰ νοτιώτερα lesen κατὰ τὰ ἀρκτικώτερα τῆς Βρεττανικῆς, mag man nun das letztere als genitivus comparationis oder partitivus fassen, so werden die letzten Worte, ὥσθ' οἱ νοτιώτατοι τῶν Βρ. βορειότεροι τούτων εἰσίν vollständig unverständlich und unvereinbar mit dem vorhergehenden. Es liegt gewiss ein Missverständniss Strabos zu Grunde, welches zeigt, dass er sich nicht die Mühe nahm, sich in die Ansichten der Gegner hineinzudenken. Strabo wusste recht gut aus seinem Caesar, wie weit die östliche Grenze der eigentlichen Gallier reiche und wo die Wohnsitze des neuen Volkes der Germanen beginnen[1]). Pytheas und Hipparch kannten den Namen der Germanen als eines besonderen von den Kelten zu trennenden Volkes noch nicht, und ersterer wird auf seiner Parokeanitisfahrt, die ihm ohnehin nicht viel Zeit und Gelegenheit zu eingehenden ethnographischen Studien geboten haben kann, als er eines nach dem anderen der vielen, den Galliern nach Strabos besonderem

---

2) Vrgl. Str. IV. C. 195. 195.

Zeugnisse (IV. 196.) so ähnlichen, Germanenvölker antraf, ihnen
und ihren Küstenländern den Gesammtnamen *Keltoi* und *Keltikê* belassen haben, in Uebereinstimmung mit der Ansicht seiner
Zeit und der folgenden bis nach Caesar, die von der alten Vier-
theilung der Welt unter die vier Hauptvölker [1]) ausgehend, späterhin wahrscheinlich nach der Ausdehnung der südlich an der
Alpenkette und Donau hin wohnenden Kelten auch die nördliche
Ausdehnung der *Keltikê* bemessen haben mag [2]). Strabo nun,
der sich eben mit grösstem Eifer zum letzten Schlage der Beweisführung gegen die Lage, die Hipparch Indien gegeben haben
sollte (vgl. Frgm. IX.), bereitet hatte, sah wahrscheinlich mit
einem Male, während er nöthige Zahlen aus Hipparchs Gradta-
bellen zog, dass dieser als Bewohner der Küsten des Oceans am
54. Grade (nach seiner Zahl 6300 am 52.) und dann noch weiter
hinauf nach Norden mit Pytheas Kelten aufführte, und gedrängt
von dem Strome seiner letzten Gründe, zu welchen er die neue
Angabe, die eher verwirrend auf die ganze Stelle gewirkt zu
haben scheint, nicht brauchen konnte, nahm er sich nicht die
Zeit, auf die Grundlagen jener Angabe zurückzugeben, berücksichtigte demnach die gewaltige Differenz zwischen seinem Begriffe von der Keltike und dem, den Hipparch und Pytheas von
derselben hatten, nicht im mindesten, behielt seine eigenen Annahmen, östlich vom Rheine giebt es keine Kelten und Brittannien liegt seiner ganzen Breite nach nördlich vor dem Kelten-
lande, auch als Basis für die Beurtheilung seiner Gegner, und
baute nun darauf die so ungereimte Beschuldigung, Hipparch
hätte das Keltenland bis zum 61. Grade nach Norden ausgedehnt
und somit das südlichste Brittannien noch nördlicher als 61° ver-
legt. So viel scheint uns aus dem einfachen Wortlaute Strabos
hervorzugehen.

Zu dem vorliegenden Theile seiner Beweisführung, Indien
kann nicht 30,000 Stadien in der Breite haben, denn weder in

---

1) Str. l. C. 7. 34.   2) H. Polyb. II. 15. Diod. Sic. V, 25 und
32. Dio Cass. XXXIX, 47 (noch er nennt die Usipeter und Tencterer
keltika genê vgl. dazu Caes. bell. Gall. IV. 1.) u. ebend. cap. 49 (*epi
tô ge pân apôtaton Keltoi, hekateroi hoi ek' amphotera toû potamoû* (sc.
'Rênou) oikoûntes, ônomazonto). Sal. Iugurtha 114. (Gallier werden hier
die Teutonen genannt). Zeuss, die Deutschen und ihre Nachbarstämme.
S. 170 flgde.

Baktrien noch in Arien noch in den sonst angrenzenden Ländern
ist der längste Tag 18 oder 19 Stunden oder die Sonnenhöhe im
Wintersolstitium 4 oder $2^1/_2$ Elle, brauchte Strabo weiter nichts
als die Entfernungszahlen von irgend einem südlicheren Parallelkreis und die dazu gehörigen Angaben über die Sonnenhöhe und
die Stundenzahlen der längsten Tage, darum ist der ganze Gedanke durchaus ohne Bezug zu derselben und vermag ihren gehörigen Fluss und ihre Wirkung durch sein dreimaliges Auftauchen nur zu schwächen. Wahrscheinlich aber kam er dem
Strabo nach seiner Auffassung augenblicklich so scherzhaft vor,
dass er ihn wenigstens nebensächlich, einmal parenthetisch ab-
fertigend, das andere Mal mit ironisch einfacher Darlegung des
Thatbestandes, überliefern zu müssen glaubte. Er kommt noch
einmal kurz auf ihn zurück: Str. IV. C. 195. Ὠσίαμιοι δ᾽ εἰσίν,
οὓς ['Ωσ]τιμίους ὀνομάζει Πυθέας, ἐπί τινος προκεπτωκυίας
ἱκανῶς ἄκρας εἰς τὸν ὠκεανὸν οἰκοῦντες, οὐκ ἐπὶ τοσοῦτον
δὲ, ἐφ᾽ ὅσον ἐκεῖνός φησι καὶ οἱ πιστεύσαντες αὐτῷ[1]). Wir
ersehen aus diesen Worten, dass Strabo seine frühere Auffassung
durchaus nicht geändert hat, sondern lediglich in demselben Sinne
einem sich bietenden Anhaltepunkte folgend modificirt.

Der Satz οἳ καὶ κατὰ τὸν ἡμέτερον λόγον πολὺ ἂν εἶεν
ἀρκτικώτεροι τῆς Ἰέρνης hat wegen seines καὶ viel Schwierigkeiten verursacht. Nach Cramer fehlt dieses καὶ im Cod. Vat.
482 (Cod. C.) und Meineke hat es aus seiner Ausgabe entfernt,
dem dadurch vollständig geklärten Texte entschieden zum Vor-
theile. Soll das καὶ beibehalten werden, so ist Bessells Auffassung (Pyth. S. 72) jedenfalls die einzig richtige. Das καὶ vor
κατὰ τὸν ἡμέτερον λόγον birgt, anknüpfend an die zwischen
Hipparch und Strabo obwaltende, so oft betonte Differenz über
die nördliche Grenze der οἰκουμένη, wenigstens die Färbung
eines Zugeständnisses an den Gegner, welches, seinerseits ange-
bahnt durch die unmittelbare Anknüpfung an eine rein mathematische Breitenbestimmung (die Sonnenhöhe und Tageslänge), in
seiner Bedeutung gesichert durch den Ausdruck selbst (ἂν εἶεν),
dem Strabo vielleicht zur stärkeren Hervorhebung des nun folgenden Gegensatzes (οὗτος δὲ Πυθέᾳ πιστεύων κ. τ. λ.) dien-
lich erschien.

---

[1] Vrgl. Fuhr, Pytheas S. 67.

Haben wir schliesslich mit unserer Deutung der wichtigen
Stelle Recht, so wird diese zu einem erneuten Beweise dafür,
dass Hipparch im Besitze von Breitenbeobachtungen, darauf gegründeten Ortsbestimmungen und andern geographischen Notizen
des Pytheas war, die er seinem Buche einverleibt hatte, und die
eine Fahrt des letzteren an der Ostküste der Nordsee bis in die
Gegend von Bergen oder den Sogne-Fjord (61° = Sonnenhöhe
weniger als 3 Ellen, wohl 5 Grad) bezeugen.

Strabos Zahlen 6300 Stadien und 9100 Stadien von Massilien (sie sind in der Literatur über Pytheas und Hipparch fast
berüchtigt) führen wieder auf das Gebiet der Wahrscheinlichkeiten
und Vermuthungen, das fast jeglicher Handhabe zu sicherer Erklärung baar ist. Wenn man bedenkt, dass die Zahlen in einer
Stelle auftreten, deren sämmtliche Unterlagen Strabo aus Hipparchs Phänomenentabelle ziehen musste, noch mehr wenn man
sie als genaue Produkte der Stadieneinheiten für den Grad (700)
erkennt, wird man gestehen müssen, dass man den Versuch ihrer
Erklärung wohl von Hipparchischen Gradsummen und damit zusammenhängenden, keineswegs aber von einer Verbindung irgend
beliebiger Strabonischer Entfernungszahlen abhängig machen
kann. Die Anknüpfung der beiden Entfernungen an die Stadt
Massilia könnte für die Annahme directer Citate aus Pytheas, der
ja vollen Grund hatte, für seine Angaben Massilien als Grundlage
zu behalten, in Hipparchs Darstellung sprechen, glaubhafter aber
will es uns vorkommen, dass sie vom Strabo selbst herrühre, der
mit gutem Rechte an Stelle des ganzen Parallels bei Hipparch
Massilia setzte, um dadurch in den Umgebungen des Meridianes
zu bleiben, der die für seinen Beweis ausersehenen Länder, das
Keltenland, Britannien und Jerne, durchzog, denn im ersteren Falle
wäre, wenn nicht eine directe und ausgedehntere Erwähnung des
Urhebers der Angabe, doch zum mindesten ein früheres Auftreten
der Bemerkung οὗτος δὲ πιστεύων Πυθέᾳ zu erwarten gewesen.
Strabos Zahlen differiren beide mit den ihnen beigemessenen
Phänomenen Hipparchs um gerade 2 Grade.   6300 an der Entfernung des 43. Grades (= Massilien) vom Aequator in Stadien
sind 36,400 St. oder 52°, die Sonnenhöhe von 6 Ellen oder 12°
im Wintersolstitium aber ergiebt die Polhöhe von 54°; 9100 zu
der obigen Entfernung addirt sind 39,200 Stad. vom Aequator,
also 56°; 4 Ellen oder 8 Grade Sonnenhöhe zum Wintersolsti-

tlum und der längste Tag zu 19 Stunden gerechnet gehören jedoch zu der Polhöhe von 58°. Allen diesen Voraussetzungen zufolge aber scheint uns die uächstliegende Vermuthung zu sein,
dass dem Strabo ein Versehen, das sich leicht bis auf ein Ab-
irren des Auges beschränken konnte, begegnet sei. Ihm war es
ja hier nicht darum zu thun, sorgfältige Breitenkreise festzuhalten,
sondern man sieht es der ganzen Stelle an, dass er sie möglicherweise nur mit wenigen flüchtigen Blicken auf Hipparchs
Buch — zwei der hier entlehnten Breitenkreise, den der 18. und
19. Stunde, erwähnt er seinem Grundsatze getreu einmal und
nicht wieder — lediglich zur Charakterisirung einer Gegend entworfen habe, die er begierig war mit einer andern (Baktrien
und Arien) zu vergleichen, während noch dazu nebenher ein
zweiter Gedanke aufstieg und ihn, wie wir oben gesehen haben,
seinerseits in eine gewisse Aufregung¹ versetzte.

So viel ist uns geblieben von Hipparchs Parallelentabelle,
wenige getrübte und unvollständige Bemerkungen, angeknüpft an
zwölf nach fremden Gesichtspunkten von den vollen neunzigen
herausgehobene Grade. Wir dürfen darüber mit Strabo nicht
rechten, der ja die Geographie von der Seite angriff, die dem
Hipparch diametral entgegengesetzt war, der sich darum bei Ab-
arbeitung der einmal unerlässlichen mathematischen Grundbegriffe
in seinen beiden ersten Büchern jedenfalls gar nicht wohl befand,
wie es vielleicht seinem Gegner gegangen wäre in seinem De-
reiche, der erst aufathmete, als er endlich an die ungestörte Ent-
faltung seines herrlichen, hoch angesammelten mythologischen,
historischen, ethnographischen und naturhistorischen Stoffes her-
angehen konnte, und müssen uns trösten mit seinem letzten De-
scheide, der das, was wir aus den früheren Stellen über die Art
und Ausdehnung der Hipparchischen Tabellen wissen¹), neuer-
dings bestätigt.

V. Fragm. 17. Fortsetzung:

Τὰ δ' ἐπέκεινα, ἤδη πλησιάζοντα τῇ ἀοικήτῳ διὰ ψύχος
οὐκέτι χρήσιμα τῷ γεωγράφῳ ἐστίν. ὁ δὲ βουλόμενος καὶ
ταῦτα μαθεῖν καὶ ὅσα ἄλλα τῶν οὐρανίων Ἵππαρχος μὲν
εἴρηκεν ἡμεῖς δὲ παραλείπομεν διὰ τὸ τρανότερα εἶναι τῆς
νῦν προκειμένης πραγματείας, παρ' ἐκείνου λαμβανέτω.

---

1) S. Frgm. V. 1 u. 2.

Fragen wir nun, indem wir das über die Parallelen gesagte überblicken noch einmal nach „den wenigen Städten, deren Polhöhe Hipparch bestimmte", d. h. der Hauptsache nach, auf deren Polhöhe er schliessen konnte nach den ihm zu Gebote stehenden astronomischen Ueberlieferungen, so sind in erster Linie zu nennen als Ortschaften, auf deren Polhöhe Hipparch selbst in seiner erhaltenen Schrift sich bezieht, Athen (37°) und der Hellespont (Alexandria in Troas 41° vgl. Fragm. V. 11 u. 12ᵇ.). Sodann heben wir mit gleich grosser Wahrscheinlichkeit hervor: Syene (24°), Alexandria (31°), Byzanz, Massilia (43°), deren gnomonische Bestimmungen theils als ihm bekannt bezeugt sind, theils mit Sicherheit vorausgesetzt werden können.

Für Rhodus (36° 20'), dessen Breite nur in Stadien vorhanden ist, sprechen die anderen Thatsachen in ihrer Uebereinstimmung desto überzeugender. Wir wissen, dass Hipparch dort längere Zeit beobachtete (S. 7), kennen eine Angabe bis auf 40 Stadien, die wir nur auf ihn zurückführen können (s Fragm. V. 9.) und erfahren durch Strabo (s. ebendas.), dass er den 36. Parallel eine Strecke weit durch geographische Punkte belegen konnte. Dazu kommt, dass Rhodus den Durchschnittspunkt abgab für die beiden Hauptlinien der alten Geographie, und somit allen Geographen, auch dem Hipparch, der jene Linien und ihre Bedeutung wohl respectirte, als Haupt- und Mittelpunkt gelten musste.

Ebenso kannte nach Fragm. V. 9 u. 10. Hipparch die Polhöhe von Syrakus (etwa 36° 44'), der Mündung des Xanthus (ebenso) in Lycien, nach Fragm. V. 7, die von Babylon oder Selcukia (33° 30'?).

Für Meroe (16°?) endlich, die Landstriche der Zimmtküste (12°?) und des Nord- und Ostrandes der Keltike (48° — 61° nördl. Breite) hatte Hipparch Angaben der Reisenden Philo und Pytheas (vrgl. Fragm. V. 3c. 15.) zur Benutzung. Ob er etwa für einen bestimmten Punkt am Borysthenes genauere Bestimmungen, für Tyrus, Sidon, Ptolemais in Phönikien aber überhaupt Bestimmungen unternahm, dafür lassen sich directe Spuren nicht nachweisen (vrgl. Fragm. V. 8. u. 15).

Bis hierher reichen der Hauptsache nach diejenigen Fragmente, welche uns geblieben sind um von Hipparchs Grundsätzen und Vorarbeiten für die Verbesserung der Geographie Zeugniss

abzulegen. Wir wissen, unter jenen Grundsätzen stand oben an
die Forderung: Da wir die Mittel besitzen, einen Punkt nach Länge
und Breite astronomisch sicher zu bestimmen, so dürfen hinfort auf
unseren Karten nur solchergestalt bestimmte Punkte Platz finden
(Frgm. Reihe II.). Von diesem Grundsatze aus hatte Hipparch
zuerst nicht die alten Karten, sondern vielmehr den alten Weg
verdammt, den man zur Verfertigung von Karten beschritten, den
Eratosthenes angegriffen, der meist auf diesem alten Wege einen
Fortschritt errungen haben sollte. Er hatte weiter durch Unter-
nehmung seiner ausgezeichneten Vorarbeiten, der beiden Tabellen
für die Finsternisse und die Phänomene der 90 Breitengrade,
seiner eigenen geographischen Thätigkeit den einzigen möglichen
Ausfluss aus seinem eng geschlossenen Begriffe der zeitgemässen
Reform der Geographie verschafft und bis zur Vollendung des
angebahnten Werkes ältere Karten den Kartenbedürftigen als
Surrogat zur einstweiligen Benutzung empfohlen (S. Fragm. VI.
2 ᵇ). Da nun diese Grundsätze die Benutzung von nicht astronomisch nach Länge und Breite bestimmten Punkten für die Entwerfung einer Karte verboten und verpönten, da andererseits der
Anfang astronomischer Ortsbestimmung, den Hipparch nach Ausarbeitung seiner Tabellen gemacht hat, sowohl nach dem Zeugnisse des Ptolemäus (geogr. I. 4 §. 2.), als nach den übrig ge-
bliebenen Spuren der Breitentabelle nicht über die genauere oder
allgemeine Bestimmung der Polhöhe von ungefähr zwanzig Ortschaften hinausging, war es dem Hipparch natürlich unmöglich,
Theile einer eigenen Karte auch nur zu skizziren. Dem ohnge-
achtet sind nun fast überall die geographischen Angaben, die
derselbe im Verlaufe seiner Kritik gegen Eratosthenes dessen Angaben entgegenhält, benutzt worden, eine eigene, fertige Karte
unseres Astronomen vorauszusetzen, oder, wie Gossellin thut, zu
reconstruiren, und man hat, wie wir schon früher sagen mussten,
dabei nicht in Erwägung gezogen, dass Hipparch durch den Versuch eines solchen Kartenentwurfes seine ganzen Grundsätze wieder null und nichtig gemacht hätte. Wir wollen daher von den
uns übrigen Fragmentreihen zunächst diejenige anknüpfen, welche
durch directe Zeugnisse belegt, dass Hipparch keine Karte entworfen habe, und dass sich seine geographische Thätigkeit ausser
der Aufstellung der tabellarischen Hilfsmittel bloss noch auf eine
Kritik der Eratosthenischen Karte erstreckte.

Reihe VI.

VI. Fragm. 1. a) Strab. I. C. 1.

— οἵ τε γὰρ πρῶτοι θαῤῥήσαντες αὐτῆς (τῆς γεωγραφίας) ἅψασθαι, τοιοῦτοί τινες ὑπῆρξαν· Ὅμηρός τε καὶ Ἀναξίμανδρος ὁ Μιλήσιος καὶ Ἑκαταῖος, ὁ πολίτης αὐτοῦ, καθὼς καὶ Ἐρατοσθένης φησί· καὶ Δημόκριτος δὲ καὶ Εὔδοξος καὶ Δικαίαρχος καὶ Ἔφορος καὶ ἄλλοι πλείους· ἔτι δὲ οἱ μετὰ τούτους, Ἐρατοσθένης τε καὶ Πολύβιος καὶ Ποσειδώνιος, ἄνδρες φιλόσοφοι.

Wir wissen, was Strabo von den Geographen verlangte. Landkarten- und allgemeine Länder- und Völkerkunde oder Beiträge zu derselben, wie in Rücksicht auf die Leistungen der genannten Männer bestätigt wird. Geflissentlich aber lässt er bei Aufzählung seiner Geographen den Namen Hipparch aus zwischen Eratosthenes und Polybius, wo derselbe erscheint in einer andern Stelle, in welcher Strabo nicht Geographen, sondern achtungswerthe Gelehrte und Gegner überhaupt vorführt.

b) Str. I. C. 14.

— ἐπεὶ οὐδὲ πρὸς ἅπαντας φιλοσοφεῖν ἄξιον· πρὸς Ἐρατοσθένη δὲ καὶ Ἵππαρχον καὶ Ποσειδώνιον καὶ Πολύβιον καὶ ἄλλους τοιούτους καλόν.

In einer weiteren Stelle giebt Strabo direct den Grund an für jene Auslassung Hipparchs aus der Liste der Geographen, indem er dessen Stellung nach ihrer negativen und positiven Seite zugleich bezeichnet:

VI. Fragm. 2. a) Str. II. C. 93.

Ἱππάρχῳ μὲν οὖν μὴ γεωγραφοῦντι ἀλλ' ἐξετάζοντι τὰ λεχθέντα ἐν τῇ γεωγραφίᾳ τῇ Ἐρατοσθένους, οἰκεῖον ἦν ἐπὶ πλέον τὰ καθ' ἕκαστα εὐθύνειν. ἡμεῖς δ' ἐν οἷς μὲν κατορθοῖ, τὸ πλέον δ' ἔτι (al. ἔστι) ὅπου καὶ πλημμελεῖ, τὸν καθ' ἕκαστα οἰκεῖον λόγον ᾠήθημεν δεῖν προσάγειν, τὰ μὲν ἐπανορθοῦντες, ὑπὲρ ὧν δ' ἀπολυόμενοι τὰς ἐπιφερομένας αἰτίας ὑπὸ τοῦ Ἱππάρχου, καὶ αὐτὸν τὸν Ἵππαρχον συνεξετάζομεν, ὅπου τι φιλαιτίως εἴρηκεν.

Dieser Grund aber wird aufs neue bestätigt, durch die zwei letzten Stellen, deren erstere zugleich eine sehr schätzenswerthe, weiterdeutende Bemerkung über das in Rede stehende Verhalten Hipparchs enthält:

b) St. II. C. 90.

— Πρὸς δὲ τὸν Ἵππαρχον κἀκεῖνο, ὅτι ἐχρῆν, ὡς κατηγορίαν πεποίηται τῶν ὑπ᾽ ἐκείνου (Ἐρατοσθένους) λεχθέντων, οὕτω καὶ ἐπανόρθωσίν τινα ποιήσασθαι τῶν ἡμαρτημένων· ὅπερ ἡμεῖς ποιοῦμεν. ἐκεῖνος δ᾽ εἰ καί που τούτου πεφρόντικε, κελεύει ἡμᾶς τοῖς ἀρχαίοις πίναξι προσέχειν, δεομένοις παμπόλλῳ τινὶ μείζονος ἐπανορθώσεως ἢ ὁ Ἐρατοσθένους πίναξ προσδεῖται. Weiter unten:

c) C. 92.

— οὐκ ἄξιον ἡγοῦμαι διαιτᾶν οὔτ᾽ ἐκείνους ἐπὶ τοσοῦτον διαμαρτάνοντας τῶν ὄντων, οὔτε τὸν Ἵππαρχον. καὶ γὰρ οὗτος τὰ μὲν παραλείπει τῶν ἡμαρτημένων τὰ δ᾽ οὐκ ἐπανορθοῖ, ἀλλ᾽ ἐλέγχει μόνον ὅτι ψευδῶς ἢ μαχομένως εἴρηται.

Die Beweiskraft dieser mehrfach, übereinstimmend wiederholten Aussage des Hauptzeugen Strabo, zusammengehalten mit den früher genannenen Grundsätzen Hipparchs scheint uns einen Grad der Gewissheit zu bieten, der jeden Gedanken an das Bestehen einer Hipparchischen Karte unmöglich macht. Wir müssen alle Versuche, eine solche Karte oder Theile derselben zu reconstruiren, als völlig nutzlos und von vorn herein verfehlt bezeichnen. Das Ergebniss der hiezu nöthigen Sammlung einzelner Angaben fällt nicht einmal günstig genug aus, um auf eine der alten Karten schliessen zu können, die er dem vorläufigen Gebrauche empfahl. Wir wenden uns daher zu den Fragmenten, welche die eigentliche, speciell eingehende Kritik gegen Eratosthenes enthalten.

Diese Fragmente bilden theils grössere und kleinere Gruppen, theils sind sie nicht in Zusammenhang zu bringen; theils bieten sie glückliche Einblicke in Hipparchs Meinungen und Vorlagen, theils nur in die Art, wie er den Eratosthenes und wie Strabo ihn selbst kritisch behandelte.

Ebenso wie Hipparch die älteren Karten nach Verhältniss würdigte, sie noch für unübertroffen hielt und darum selbst seinen Zeitgenossen für den Augenblick empfahl, ἕως ἄν τι πιστότερον περὶ αὐτῶν γνῶμεν (II. C. 69. s. Frgm. II. 3.), sie vielfach gegen Eratosthenes vertheidigte, so scheint er auch die Homerische Geographie gegen den letzteren in Schutz genommen zu haben. Eratosthenes hatte von dem Grundsatze aus, der eigentliche Zweck des Poeten sei Ergötzung und nicht Belehrung, dem Vater Homer alle Bedeutung für die wissenschaftliche Geographie abgesprochen, viele seiner Angaben lächelnd in das Gebiet fabelhafter, phantastischer Gebilde verwiesen[1]) und dadurch den Strabo zu scharfer Entgegnung gereizt. Dieser erinnert mit Recht daran, dass die Keime aller späteren Bildung in der uralten Poesie zuerst Wurzel geschlagen haben und nennt die Belehrung den Hauptzweck derselben, sucht dabei in seiner Pietät hinter den einfachen Anschauungen des Homer, deren Uebereinstimmung mit den späteren Ergebnissen der wissenschaftlichen Forschung er eifrig darzuthun bemüht ist (Str. I. C. 1. flgde.), wohl auch etwas mehr, als er nach strenger Kritik der Umstände hätte suchen sollen. Gelegentlich bringt er dabei den Hipparch als übereinstimmend mit seiner Ansicht in die Verhandlung, und, ohne das Recht der beiden erstgenannten Männer, die sich gewissermassen wie aus zwei verschiedenen Feldlagern gegenüberstehen[2]), abzuwägen, ist es lediglich unsere Aufgabe der Ansicht Hipparchs nachzugehen. Der hierhergehörigen Fragmente sind drei.

Reihe VII.

VII. Frgm. 1. Strab. I. C. 1.

— καὶ πρῶτον ὅτι ὀρθῶς ὑπειλήφαμεν καὶ ἡμεῖς καὶ οἱ πρὸ ἡμῶν, ὧν ἐστι καὶ Ἵππαρχος, ἀρχηγέτην εἶναι τῆς γεωγραφικῆς ἐμπειρίας Ὅμηρον.

VII. Frgm. 2. Strab. I. C. 27.

— καὶ ἐν τῷ καταλόγῳ τὰς μὲν πόλεις οὐκ ἐφεξῆς λέγει (Ὅμηρος)· οὐ γὰρ ἀναγκαῖον· τὰ δὲ ἔθνη ἐφεξῆς. ὁμοίως δὲ καὶ περὶ τῶν ἄπωθεν·

Κύπρον, Φοινίκην τε καὶ Αἰγυπτίους ἐπαληθείς
Αἰθίοπάς θ' ἱκόμην καὶ Σιδονίους καὶ Ἐρεμβούς
καὶ Λιβύην.

ὅπερ καὶ Ἵππαρχος ἐπισημαίνεται.

VII. Frgm. 3. Str. I. C. 16.

— καὶ προσεξεργάζεταί γε (Ἐρατοσθένης), πυνθανόμενος τί συμβάλλεται πρὸς ἀρετὴν ποιητοῦ πολλῶν ὑπάρξαι τόπων ἔμπειρον ἢ στρατηγίας ἢ γεωργίας ἢ ῥητορικῆς ἢ οἷα δὴ περιποιεῖν αὐτῷ τινες ἐβουλήθησαν· τὸ μὲν οὖν ἅπαντα ζητεῖν περιποιεῖν αὐτῷ προσεκπίπτοντος ἄν τις θείη τῇ φι-

---

1) Vrgl. Str. 1. C. 16 flgde.   2) Vrgl. Seidel Eratosth. I. pag. 6.
7. Bernhardy. Eratosth. S. 19. u. Frgm. I.—V.

λοτιμίᾳ, ὡς ἂν εἴ τις, φησὶν ὁ Ἵππαρχος, Ἀττικῆς εἰρεσιώ-
νης κατηγοροίη καὶ ἃ μὴ δύναται φέρειν μῆλα καὶ ὄγχνας,
οὕτως ἐκείνου πᾶν μάθημα καὶ πᾶσαν τέχνην.

Wenn man die drei Fragmente so, wie sie zusammenhangs-
los dastehen, an und für sich einzeln betrachten will, so wird
man auf die und jene Schwierigkeit stossen. Das erste, mehr
noch das zweite könnten, so betrachtet, ebensowohl Zugeständnisse als Vertheidigungsgründe zu enthalten scheinen, das dritte
vielleicht als einfache, factische Uebereinstimmung mit Eratosthenes
gegen dessen Gegner, die durch das beigefügte τινές bezeichnet
sind, gefasst werden. Man muss aber dabei bedenken, dass Hipparch auch anderwärts der alten, obschon überwundenen Geographie gegen Eratosthenes das Wort redete; dass er, wenn wir
nach seinen Exegesen über die Phänomene des Aratos urtheilen
dürfen, kurz und bündig in seiner Kritik war und nur erwähnte,
wo er zu bekämpfen hatte; dass Strabo in einer Frage, in die
er so kompetent und mit solchem Eifer eintrat, auch eine halbwegs gegentheilige Ansicht des Hipparch ans Licht gezogen und
abgeurtheilt haben würde, statt gewisse Einräumungen zu seinem
Nutzen zu verwenden.   .

Dennoch mag der Ausdruck des ersten Fragmentes ὧν ἐστι
καὶ Ἵππαρχος als eine allgemeine Anwendung des für Strabo
günstigen Resultates, das sich aus der ganzen Haltung Hipparchs
gegen Homer gewinnen liess, zu betrachten sein, besonders da
eine bestimmte Thesis des Eratosthenes den Worten ἀρχηγέτην
εἶναι τῆς γεωγραφικῆς ἐμπειρίας und der Wiederholung des
Gedankens C. 7. ὅτι Ὅμηρος τῆς γεωγραφίας ἦρξεν nicht ent-
gegengestellt ist. Hipparch wollte also der Homerischen Geographie wahrscheinlich ihre relative Geltung erhalten wissen und
wir finden ihn im zweiten Fragmente bemüht, auch die Anerkennung eines vorgeschrittenen Standpunktes derselben auf Grund
thatsächlicher Beweise zu verlangen. Möglicherweise stand die
lobende Hervorhebung der geordnet aufgezählten Völker sogar
ausser Griechenland gegen den Vorwurf des Eratosthenes, Homer
habe sich mit Fleiss entfernte, westliche Gegenden für die Irr-
fahrten des Odysseus ausersehen, um seine Unkenntniss selbst
der nahelegenden zu umgehen (C. 26.)

Das dritte Fragment bietet weiter keinen positiven Anhalt,
als die Bemerkung, dass die Hipparchische Besprechung der Ho-

merfrage jedenfalls eingehend genug war, um auch speciellen
Punkten der Eratosthenischen Darlegung in ebenso specieller
Erwiederung entgegenzutreten. Eratosthenes nöthigt hier seine
Gegner durch Uebertreibung der von ihnen vertretenen Gelehr-
samkeit des Homer zu einem Zugeständnisse, indem er auf eine
Ansicht hinüberblicken lässt, welche nicht wie Strabo damit zufrieden war, die Annahme vielseitiger, auch geographischer
Kenntnisse des Dichters durch Thatsachen zu erweisen, sondern demselben ein nahezu allumfassendes Wissen zumuthete.
Ehe er in den folgenden Sätzen die Frage wieder zurecht rückt,
thut Strabo dies Zugeständniss in einer sarkastisch jovialen Wendung und bedient sich dabei eines scherzhaften Vergleiches von
Hipparch[1]). Dieser Vergleich enthält gleicherweise das Zugeständniss des Hipparch derselben Wendung des Eratosthenes gegenüber. Strabo hat ihn mit einigem Behagen seiner Entgegnung einverleibt, sei es aus blossem Gefallen daran, oder weil
er ihm als Gegensatz zu seiner πολυμάθεια den Begriff der
Worte πᾶν μάθημα καὶ πᾶσαν τέχνην lieferte. Denn dieser
Ausdruck Hipparchs enthält gewissermassen eine hyperbolische
Ergänzung dessen, was uns von Eratosthenes überliefert wird
(καὶ ὅσα δὴ ἄλλα u. s. w.), zu der Hipparch auch logisch berechtigt sein konnte, wenn er sich in seiner Vertheidigung nicht
bis zu dem Strabonischen Begriffe der τοσαύτη πολυμάθεια
verstiegen hatte, der allerdings eines Abschlusses gegen den des
Eratosthenes bedürftig werden konnte. Jedenfalls stellte sich Strabo
in diesem Punkte in Einverständniss mit Hipparch, dessen Scherz
gewiss auch nicht allein gegen die Gegner des Eratosthenes gerichtet gewesen war.

Die nun folgenden Fragmente beschränken sich ihrem In-
halte nach streng auf die Beurtheilung der Eratosthenischen Karte,
ihrer Neuerungen und des dabei zur Anwendung gebrachten Verfahrens, sowie auf die Abwägung des Rechtes der älteren Karten
gegen dieselben.

---

1) Der Vergleich ist hergeleitet von dem mit Früchten geschmück-
ten Oelzweige, der in Athen bei Feier des Festes der Pyanepsien die
Rolle spielte, wie bei uns der Erntekranz oder auch der Christbaum
zu Weihnachten. Bernhardy nennt ihn satis insectam.

Die erste Gruppe hat zum Mittelpunkte eine Frage von der höchsten Wichtigkeit, die Frage über die Einheit oder Abgeschiedenheit der Oceane. Dieselbe ist, abgesehen von den kürzeren Besprechungen in den grossen geographischen Werken, schon mehrfach eingehender und selbständiger von namhaften Gelehrten untersucht worden[1]. Zu Gunsten unserer Ansicht über das Verhalten Hipparchs den schwebenden Fragen der Geographie gegenüber (vrgl. S. 4, 31.) sind die Resultate Letronnes und Huges insofern ausgefallen, als beide, im übrigen Gegner, die Idee von der Abgeschlossenheit der Oceane als anderen Ursprungs bezeichnen, während Gossellin den Hipparch zum Urheber derselben macht. Huge vindicirt sie dem Seleucus von Seleucia. Letronne lässt sie fussend auf Angaben der Aegypter und den mannigfachen Ansichten über die Quellen des Nils[2] schon zur Zeit oder vor der Zeit des Aristoteles existiren. Für uns fällt die Idee in den Kreis derjenigen geographischen Annahmen und Hypothesen, welche Hipparch als gleich berechtigt denen des Eratosthenes gegenüber im Verlaufe der Kritik hervorzog.

Von einem tieferen Eingehen auf die Hypothese selbst müssen wir zur Zeit absehen und uns darauf beschränken, die Stellung Hipparchs zu derselben zu verfolgen.

Reihe VIII.

VIII. Fragm. 1. Strab. I. C. 6.

— Ἵππαρχος δ' οὐ πιθανός ἐστιν ἀντιλέγων τῇ δόξῃ ταύτῃ, ὡς οὔθ' ὁμοιοπαθούντος τοῦ ὠκεανοῦ παντελῶς οὔτ', εἰ δοθείη τοῦτο, ἀκολουθοῦντος αὐτῷ τοῦ σύρροιν εἶναι πᾶν τὸ κύκλῳ πέλαγος τὸ Ἀτλαντικόν, πρὸς τὸ μὴ ὁμοιοπαθεῖν μάρτυρι χρώμενος Σελεύκῳ τῷ Βαβυλωνίῳ.

Unmittelbar vorher sagt Strabo:
— οὐκ εἰκὸς δὲ διθάλαττον εἶναι τὸ Ἀτλαντικόν, ἰσθμοῖς[3] διειργόμενον οὕτω στενοῖς, τοῖς κωλύουσι τὸν περίπλουν,

---

1) Wir verweisen auf: Gossellin, nach. I. 45 ff. Letronne, Beurtheilung der Ansicht Hipparchs über die Ausdehnung Afrikas südwärts vom Aequator etc. übers. v. Dr. .S. F. W. Hoffmann. (Im Anhang zu Lelewels Pytheas. Dr. S. Enge, der Chaldäer Seleukus. Dresden 1865.
2) Vrgl. namentlich Seneca quaest. nat. IV. 2 ff. Athen. deipnos. II. 87. Herod. II. 20, 21. Diod. Sic. I. 88 ff. Plut. de plac. phil. IV. 1. Lucret. VI. 713. u. a. 3) Vrgl. Olympiod. ad Aristot. meteor. I. 13.

ἀλλὰ μᾶλλον σύρρουν καὶ συνεχές· οἵ τε γὰρ περιπλεῖν ἐγ-
χειρήσαντες, εἶτα ἀναστρέψαντες, οὐχ ὑπὸ ἠπείρου τινὸς ἀν-
τιπιπτούσης καὶ κωλυούσης τὸν ἐπέκεινα πλοῦν ἀνακρου-
σθῆναι φασίν, ἀλλὰ ὑπὸ ἀπορίας καὶ ἐρημίας, οὐδὲν ἧττον
τῆς θαλάττης ἐχούσης τὸν πόρον. τοῖς τε πάθεσι τοῦ ὠκεανοῦ τοῖς περὶ τὰς ἀμπώτεις καὶ τὰς πλημμυρίδας ὁμολογεῖ
τοῦτο μᾶλλον· πάντη γοῦν ὁ αὐτὸς τρόπος τῶν τε μεταβο-
λῶν ὑπάρχει καὶ τῶν αὐξήσεων καὶ μειώσεων, ἢ οὐ πολὺ
παραλλάττων, ὡς ἂν ἐπὶ ἑνὸς πελάγους τῆς κινήσεως ἀποδι-
δομένης καὶ ἀπὸ μιᾶς αἰτίας.
VIII. Fragm. 2. Pomp. Mela III. 7, 7.
Taprobane aut grandis admodum insula, aut prima pars or-
bis alterius Hipparcho dicitur.

Wie wir aus dem ersten Fragmente ersehen, muss Eratosthenes den Satz, der Ocean erleide überall die gleichen Veränderungen durch Ebbe und Fluth, ausgesprochen und daraus die
Einheit und den Zusammenhang des ganzen Weltmeeres gefolgert
haben. Hipparch bestreitet zunächst jenen Satz und bringt das
Zeugniss des Seleukus dafür, dass die Flutherscheinungen nicht
überall dieselben seien, dann aber, abgesehen von dessen Wahrheit oder Falschheit, die Folgerung, die sich an denselben knüpfte,
indem er vielleicht darauf hinwies, dass es doch dabei nicht auf
die Einheit des leidenden Oceans, sondern die der bewegenden
Ursache ankomme. Strabo weicht einer Refutation des Hipparchischen Angriffes aus, indem er nur an einzelne Punkte desselben anknüpft und die Eratosthenische Conclusion nur im Lichte
grösserer Wahrscheinlichkeit seinerseits auftreten lässt (τοῖς τε
πάθεσι τοῦ ὠκεανοῦ ὁμολογεῖ τοῦτο μᾶλλον, — πρὸς δὲ τὰ
νῦν ἐπὶ τοσοῦτον λέγομεν, ὅτι πρός τε τὴν ὁμοπάθειαν οὕτω
βέλτιον νομίσαι κ. τ. λ.), dann die ganze Frage abbricht, ihre
weitere Besprechung verschiebt und nur auf das hinweist, was
Posidonius und Athenodorus darüber gesagt hätten (C. 55.).

Gleich vorher, wo Strabo die Einheit des Weltmeers zu erweisen bemüht ist[1]), bezeichnet er mit wenigen Worten (οὐκ

***

1) Wir müssen hier bemerken, dass Strabo nicht überall hartnäckig
an seiner Ansicht festhalte, sondern II. C. 112 an Ende ein kleines
Zugeständniss macht, indem er meint, wer Anstoss nehme an der Idee
der Umschiffbarkeit des Continents, da einige Strecken noch unbefahren

εἰκὸς δὲ διθάλαττον εἶναι u. s. w.] eine gegentheilige Ansicht von der Trennung desselben durch Isthmen[1]). Er lässt sich dabei nicht auf eine nähere Auseinandersetzung der Ansicht ein, nennt weder ihre Quellen noch ihre Vertheidiger und Anhänger[2], denn das, was er von Hipparchs Einwurfe überliefert, ist, wie wir oben gesehen haben, nichts als ein Angriff gegen die Art der Eratosthenischen Beweisführung, von dem aus wir noch nicht berechtigt sind zu schliessen, dass die eigentliche Fassung des Einspruchs, die Strabo nicht bietet und nur durch die Worte ἀντιλέγων τῇ δόξῃ ταύτῃ signalisirt, eine thatsächliche Vertheidigung der Theilung des Oceans enthalten habe. Deutlich würden wir es machen können, dass an eine ernstliche Vertheidigung der Ansicht vom getheilten Ocean von Seiten Hipparchs nicht gedacht werden könne, wenn man die Stelle des Mela unbedingt in dem Wortlaute aufrecht erhalten und annehmen wollte, der den übrigen Ansichten dieses Geographen entspricht, ohne fürchten zu müssen, dass die Stelle nur oberflächlich aufgefasst oder der gedrängten Darstellung ungenau eingefügt sei. Wie nehmlich zu Hipparchs Zeiten die Trennung der Oceane bekannte und vielfach angenommene Meinung war (s. u. Polybius Zeugniss), ebenso war es die bekannte Lehre, dass ausser der von uns bewohnten Erdinsel noch eine oder mehrere andere existirten, die unserer Kenntniss und Forschung für alle Zeit entrückt wären[3]. Nach der Notiz des Mela zu schliessen, musste sich aber Hipparch, vielleicht durch die Unglaubwürdigkeit der Berichterstatter wie Onesikritos (Strab. II. C. 70) dazu bewogen, veranlasst gefühlt haben, die Frage, ob das vom Festlande eine Fahrt von sieben

_____

aelen, dem wolle er es nicht wehren; für die Geographie aber habe es kein Gewicht, ob dort ödes Land oder auch Wasser sei. 1) Ueber diese Trennung der Meere durch Isthmen ist noch zu vergleichen Strab. I. C. 32 zu Ende und Olympiodor. ad Aristot. meteor. I. 13; 16 (ed. Idaler). 2) Polybius würe zunächst noch zur Hand gewesen. Vgl. hist III. 38: καθάπερ δὲ καὶ τῆς Ἀσίας καὶ τῆς Λιβύης, καθὸ συνάπτουσιν ἀλλήλαις διὰ τὴν Αἰθιοπίαν, οὐδεὶς ἔχει λέγειν ἀσφαλῶς ἕως τῶν καθ᾽ ἡμᾶς καιρῶν πότερον ἤπειρός ἐστι κατὰ τὸ συνεχὲς τὰ πρὸς τὴν μεσημβρίαν ἢ θαλάττῃ περιέχεται, —. 3) Plat. Tim. 111. 24. Aristot. meteor. I. 13. II. 5. de mundo III. Theopompus bei Aelian. var. hist. III. 18. Gemini isag. XIII. Lucret. II. 1076. Pomp. Mela I. 1. Macrob. ad somm. Scip. II. 9. u. s.

oder auch 20 Tagen (Strab. XV. C. 690, 691) entfernte Taprobane eine Insel oder der Anfang eines andern Continentes sei,
wie eine ältere Annahme lautete, in das Reich der Vermuthungen
zu verweisen[1]). Wenn aber diese Vermuthung im Bereiche der
Möglichkeit bleiben sollte, durfte Hipparch offenbar mit der Vertheidigung der Abgeschlossenheit der Meere, der südlichen Verbindung Asiens mit Afrika nicht Ernst gemacht haben. Wir
wollen nicht zu viel hierauf bauen, wir brauchen es aber auch
nicht. Es genügt feststellen zu können, dass kein bindender
Grund vorhanden sei, dem Hipparch weder die Erfindung noch
die vorzügliche Vertretung der Idee vom geschlossenen Oceane
zuzuschreiben. Seiner Zeit mag man die letztere wenigstens anrechnen auf Grund des Zeugnisses von Polybius, der die Sache
nicht wie eine Vermuthung oder eine individuelle Ansicht, sondern wie eine allgemein bekannte und lange erwogene Streitfrage
behandelt. Wir halten uns überzeugt, dass Hipparch, der eine
neue Behandlung der Geographie auf den sichersten Grundlagen
anbahnen wollte, so hier wie anderwärts den Hypothesen gegenüber eine strenge abwartende Stellung festgehalten habe und von
anderen festgehalten wissen wollte und darum jedesmal Einspruch
erhob, so oft er sah, dass eine Ansicht auf unzulängliche Gründe
hin verdammt oder auch aufgeworfen und gestützt wurde.

Auch im folgenden Fragmente zeigen sich durchaus keine
Spuren positiver Beweisführung für die eine Ansicht in der Ocean-
frage, die immer noch den Mittelpunkt bildet, sondern Hipparch
sucht immer nur auf die Unhaltbarkeit Eratosthenischer Gründe
und Belege und Widersprüche in fortlaufender Verknüpfung derselben aufmerksam zu machen. Es knüpft sich das Fragment
an die von Eratosthenes referirten und benutzten Hypothesen
und Belege der älteren Physiker, namentlich des Lyders Xanthus
und des Strato von Lampsakus, Schülers und Nachfolgers von
Theophrast, über die Veränderungen der Erdoberfläche, insbe-

---

1) Vrgl. Solin. cap. LVI de Taprobane insula: Taprobanen insulam,
antequam temeritas humana exquisito penitus mari fidem panderet, diu
orbem alterum putaverunt, et quidem eum, quem habitare antichthones
crederentur. Plin. h. n. VI. 81. Taprobanen alterum orbem terrarum
esse diu existimatum est Antichthonum appellatione. Ut insulam li-
queret esse Alexandri magni aetas resque praestitere.

sondere so weit sie auf dem Schwanken des Verhältnisses zwischen Meeresspiegel und Festland beruhen[1]).

Nach Stratos Lehre, einer Fortbildung der aristotelischen vom Meere (vrgl. Arist. met. II. 1), waren die einzelnen, von der Mäotis her (Herod. IV. 86) terrassenförmig abfallenden Becken des Innern Meeres nach dem Durchbruch des Pontus am Bosporus nach und nach so überfüllt worden, dass sie die tiefer gelegenen Theile des Festlandes überflutheten, bis sie sich einen gewaltsamen Ausweg durch die Säulen des Hercules nach dem äusseren Meere hin brachen. Zugleich hatte er eine ehemalige Verbindung des Mittelmeeres mit dem rothen Meere angenommen, wie schon Aristoteles in der angeführten Stelle (φανερὸν οὖν ὅτι θάλαττα ταῦτα μία πάντα συνεχὴς ἦν). Er hatte sich dabei berufen auf die Natur derjenigen Binnenländer, die noch die Spuren früherer Ueberfluthung durch das Meer an sich trügen, wie die dem Meere zunächst gelegenen Theile des nordöstlichen Afrikas, die Oase des Ammon, die Salzseen u. s. w.; er berief sich ferner auf die Abgrenzung und die bereits bemerkte zunehmende Tiefe der Meeresbecken von der Mäotis bis zum Atlantischen Ocean, versuchte die geringere Tiefe beim schwarzen Meere durch die von den einströmenden grossen Flüssen bewirkte Schlammablagerung zu erklären (Polyb. a. a. O. cap. 40 ff. Arist. met. a. a. O.) und wies auf die dieser Richtung entsprechende stetige Strömung der Meerengen namentlich des Bosporus hin. Diese letztere Bemerkung zunächst bezeichnet Hipparch als nicht ganz zutreffend:

VIII. Fragm. 3. a.) Strab. I. C. 55[2]).

— ὁ δὲ κατὰ Βυζάντιον (πορθμὸς) οὐδὲ μετέβαλλεν. ἀλλὰ διετέλει τὸν ἱερουν μόνον ἔχων τὸν ἐκ τοῦ Ποντικοῦ πελάγους εἰς τὴν Προκοντίδα, ὡς δὲ Ἵππαρχος ἱστορεῖ, καὶ μονάς ποτε ἐκοιεῖτο.

b.) Eustath. ad Dionys. perieg. 473.

— ὧν τινων πορθμῶν ὁ κατὰ Βυζάντιον ἱερουν ἔχει μόνον, οὐ μὴν καὶ ἀνάκαμψιν. Ἵππαρχος δ᾽ ἱστορεῖ καὶ μονάς ποτε κοιεῖσθαι αὐτόν, ἤγουν ἵστασθαι. —

---

1) Namentlich sind hier zu vergleichen: Strab. I. C. 49 ff. Polyb. IV. 39 ff. Diod. Sic. III. 65. Herod. II. 5 ff. Ueber Strato: Diog. Laert. V. 3. Cic. acad. qu. IV. 38. 2) Vergl. die Note des Casaubonus.

Dann aber verbindet Hipparch die Lehre vom gleichen Niveau zusammenhängender Wassermassen mit der von Eratosthenes gebilligten Lehre des Strato und Aristoteles von der momentanen Ueberfüllung des Mittelmeeres und dessen ehemaligem Zusammenhange mit dem arabischen Meerbusen, um die Inconsequenzen seines Gegners daraus zu erweisen.

VIII. Fragm. 4.   Strab. I. C. 55. 56.

Ἐπιφέρει δὲ (Ἐρατοσθένης) τοῖς περὶ τοῦ Ἄμμωνος καὶ τῆς Αἰγύπτου ῥηθεῖσιν, ὅτι δοκοίη καὶ τὸ Κάσιον ὄρος περικλύζεσθαι θαλάττῃ καὶ πάντα τὸν τόπον, ὅπου νῦν τὰ καλούμενα Γέρρα, καθ᾽ ἕκαστα τεναγίζειν συνάπτοντα τῷ τῆς Ἐρυθρᾶς κόλπῳ, συνελθούσης δὲ τῆς θαλάττης ἀποκαλυφθῆναι. τὸ δὴ τειναγίζειν τὸν λεχθέντα τόπον συνάπτοντα τῷ τῆς Ἐρυθρᾶς κόλπῳ ἀμφίβολόν ἐστιν· ἐπειδὴ τὸ συνάπτειν σημαίνει καὶ τὸ συνεγγίζειν καὶ τὸ ψαύειν, ὥστε, εἰ ὕδατα εἴη, σύρρουν εἶναι θάτερον θατέρῳ. ἐγὼ μὲν οὖν δέχομαι καὶ τὸ συνεγγίζειν τὰ τενάγη τῇ Ἐρυθρᾷ θαλάττῃ, ἕως ἀκμὴν ἐξέλειπτο τὰ κατὰ τὰς στήλας στενά, ἐκραγέντων δὲ τὴν ἀναχώρησιν γενέσθαι, ταπεινωθείσης τῆς ἡμετέρας θαλάττης διὰ τὴν κατὰ τὰς στήλας ἔκρυσιν. Ἵππαρχος δὲ ἐκδεξάμενος τὸ συνάπτειν ταὐτὸν τῷ σύρρουν γενέσθαι τὴν ἡμετέραν θάλατταν τῇ Ἐρυθρᾷ διὰ τὴν πλήρωσιν, αἰτιᾶται τί δή ποτε οὐχὶ τῇ κατὰ τὰς στήλας ἐκρύσει μεθισταμένη ἐκεῖσε ἡ καθ᾽ ἡμᾶς θάλαττα συμμεθίστα καὶ τὴν σύρρουν αὐτῇ γενομένην τὴν Ἐρυθράν, καὶ ἐν τῇ αὐτῇ διέμινεν ἐπιφανείᾳ, μὴ ταπεινουμένη. καὶ γὰρ κατ᾽ αὐτὸν Ἐρατοσθένη τὴν ἐκτὸς θάλατταν ἅπασαν σύρρουν εἶναι, ὥστε καὶ τὴν ἑσπέριον καὶ τὴν Ἐρυθρὰν θάλατταν μίαν εἶναι. τοῦτο δ᾽ εἰπὼν ἐπιφέρει τὸ ἀκόλουθον, τὸ τὸ αὐτὸ ὕψος ἔχειν τὴν τε ἔξω στηλῶν θάλατταν καὶ τὴν Ἐρυθρὰν καὶ ἔτι τὴν ταύτῃ γεγονυῖαν σύρρουν.

Ἀλλ᾽ οὔτ᾽ εἰρηκέναι τοῦτό φησιν Ἐρατοσθένης, τὸ σύρρουν γεγονέναι κατὰ τὴν πλήρωσιν τῇ Ἐρυθρᾷ, ἀλλὰ συνεγγίσαι μόνον, οὔτ᾽ ἀκολουθεῖν τῇ μιᾷ καὶ συνεχεῖ θαλάττῃ τὸ αὐτὸ ὕψος ἔχειν καὶ τὴν αὐτὴν ἐπιφάνειαν, ὥσπερ οὐδὲ τὴν καθ᾽ ἡμᾶς, καὶ νὴ Δία τὴν κατὰ τὸ Λέχαιον καὶ τὴν περὶ Κεγχρεάς. ὕπερ καὶ αὐτὸς ὁ Ἵππαρχος ἐπισημαίνεται ἐν τῷ πρὸς αὐτὸν λόγῳ· —,

Die Meinung Hipparchs ist wohl an sich klar. Wenn das

nach Westen hin noch geschlossene Mittelmeer mit dem arabischen Busen in Verbindung trat, musste es seinen Ueberfluss so
gut dahin abströmen lassen, wie andernfalls später in den Atlantischen Ocean, es musste zur Zeit des Zusammenhanges sein Niveau
ausgleichen mit dem des arabischen Busens und somit des ganzen
zusammenhängenden Oceans und für diese wie für jede weitere
Ueberfüllung war der Abzug nach dieser Seite geboten, statt
einer besondern gewaltsamen Wirkung nach Westen hin. Strabo
fasste und fürchtete die Hipparchische Frage in diesem Sinne,
wie sein sichtlich gesuchter Einwand der andern Deutung von
συνάπτειν blicken lässt. Was diesen Einwand selbst angeht,
so werden wir freilich vom etymologischen Standpunkte aus dem
Strabo nichts entgegenzuhalten haben, wohl aber, wenn wir die
Sache selbst betrachten, die Auffassung Hipparchs vertheidigen
können. Es spricht erstlich für dieselbe der Umstand, dass Eratosthenes eben dem Strato folgte, dessen System, wie es Strabo
von I. C. 49 an darlegt, sich ganz an die Grundzüge des Aristoteles (met., II. 14.) anschliesst, und der darum wie sein Vorgänger bis zu einem Zusammenhange des Mittelmeers mit dem
Erythräischen gegangen sein wird. Dann zeigt sich die gesuchte
Spitzfindigkeit des Strabo noch deutlicher in der Betrachtung der
fraglichen Oertlichkeiten und zwar auch nach der Beschreibung,
die Strabo selbst von ihnen entwirft (XVII. C. 804), denn die
schmale Stelle zwischen Pelusium und Arsinoe am arabischen
Meerbusen trug nach seiner Aussage zwei Seen, deren Wasser
in früherer Zeit salzig gewesen war. Da er nun auch wissen
musste, dass diese Seen, deren Verbindung mit dem Canal nach
dem rothen Meere er kannte, im südlicheren Theile jener Land-
enge lagen, die nördlicheren Theile aber jedenfalls auch unter
Wasser stehen mussten, wenn der Ausdruck περικλύζεσθαι τὸ
Κάσιον ὄρος sein Recht behalten sollte, so würde es ihm bei
genauer Betrachtung wohl schwer geworden sein, noch Land genug für eine wirksame Verbindung des Zusammenflusses beider
Meere zu finden, und er hätte besser gethan, die richtige Deutung auch hier unangefochten zu lassen, wie er es merkwürdigerweise vorher I. C. 38 und nachher XVII. C. 809 noch thut: μέχρι
τῆς λίμνης τῆς Σιρβωνίδος πέλαγος ἦν, σύρρουν τυχὸν
ἴσως τῇ Ἐρυθρᾷ —.
    Dieses Gefühl hat ihm vielleicht auch den zweiten Einwurf

eingegehen, der den ersten eben besprochenen entbehrlich macht.
Wenige Seiten vor unserem Fragmente, C. 54 spottet er über
Eratostheues, der als Mathematiker nicht einmal die Lehren des
Archimedes über die Hydrostatik anerkenne. Nach Bernhardy
(Erat. Frgm. XXXII), dem Strabo hier eben so unerträglich
und lächerlich vorkommt, als sonst nur Hipparch, that er
dies ganz mit Unrecht; Seydel (Erat. l. 34.) nimmt ohne
weiteres an, Eratosthenes habe die Thatsache des gleichen
Niveaus zusammenhängender Meere geleugnet. Die erstere Ansicht hat dem Texte gegenüber keine Waffen und verläuft in eine
Beschuldigung Strabo's, die andere scheint dagegen denselben zu
vollgültig angenommen zu haben und einige Beschränkung er-
leiden zu können. Strabo belegte seine Angabe hauptsächlich
damit, dass Eratosthenes erzähle, die Architekten hätten den De-
metrius Poliorketes von der projectirten Durchstechung des Isthmus[1] abgehalten, da der Spiegel des korinthischen Busens höher
sei, als der des Saronischen. Wie nun der Satz des Eratosthenes
eigentlich gelautet habe, können wir aus den Worten Strabo's,
mit denen er die Angabe über die Höhe des Lechäischen Meeres
einleitet und die höchst wahrscheinlich nur eigens von ihm
aus der erwähnten Thatsache gezogene Consequenzen enthalten,
nicht wie Seydel mit Bestimmtheit ersehen. Im weiteren Verlaufe aber nimmt die Sache eine ins Hellere führende Wendung.
Strabo fährt unmittelbar nach Beibringung der Notiz fort: διὰ
δὲ τοῦτο καὶ τοὺς εὐρίπους ῥοώδεις εἶναι (sc. φησὶν Ἐρατοσθένης), μάλιστα δὲ τὸν κατὰ Σικελίαν πορθμόν, ὅν φησιν ὁμοιοπαθεῖν ταῖς κατὰ τὸν ὠκεανὸν πλημμυρίσι τε καὶ
ἀμπώτεσιν und setzt weiter auseinander, wie die wechselnde
Strömung dieser Meerenge aus dem tyrrhenischen Meere nach
dem sicilischen Meere genau übereinstimme mit der Fluth im
Ocean. Weiter unten aber C. 55. gibt Strabo selbst eine Charakterisirung des Eratosthenischen Satzes mit den Worten: ὅτι
ἡ ἐφ' ἑκάτερα θάλαττα ἄλλην καὶ ἄλλην ἐπιφάνειαν ἔχει,
woraus sich wohl schliessen lässt, die Eratosthenische Ansicht sei
keine Leugnung der Archimedischen Hydrostatik gewesen, wie sie
Strabo darzustellen gewillt war, sondern sie habe sich beschränkt

---

1) Vrgl. Paus. II. 1. 5. Im allgemeinen noch Clöden, Handbuch der
Geogr. I. 427. 428.

auf die Annahme gewisser Anschwellungen der einzelnen Meeres-
theile durch Fluth, Strömungen und Ueberfüllungen, die aber
offenbar durch die strömenden Meerengen bemüht blieben, sich
dem Gesetze der Hydrostatik zu fügen. Im Hintergrunde steht
doch nur die Lehre des Strato und weiter des Aristoteles, der
in der Meteorologie zwei Gründe für die Strömung der Meerengen anführt, die allgemeine Schwankung (ταλάντωσις) der
grossen Meeresmasse, die sich zwischen zwei einengenden Fest-
ländern zur Strömung steigere, und die Ueberfüllung der Meeresbecken aus grossen Strömen in Verbindung mit der grösseren
oder geringeren Tiefe des Beckens selbst. Wahrscheinlich hatte
Eratosthenes die Warnung jener Architekten betreffend die Höhe
des Korinthischen Busens, der selbst durch eine nach Strabo
(Lib. VIII. C. 336.) nur fünf Stadien breite Enge abgeschlossen
war, zur Illustration seiner Ansicht benutzt, und den Umständen
nach können wir auch hier nur annehmen, dass er selbst die
Erscheinung für eine momentan auftretende oder wiederkehrende
gehalten habe.

Wie die letzten Worte des Fragmentes (ὅπερ καὶ αὐτός ὁ
Ἵππαρχος /σισημαίνεται) zeigen, hatte Hipparch auch gegen
diese Thatsache gesprochen, wie er früher die Angabe über die
Strömung des Bosporus corrigirte. Auch die folgenden Fragmente enthalten noch einige seiner Angriffe gegen die Eratosthe-
nisch-Stratonischen Lehren, wir sind aber nicht im Stande, für
diese Fragen besondere Grundlagen als Quelle der einzelnen Einwürfe zu finden, mit Ausnahme einer wahrscheinlich von seiner
Seite erfolgten Verwahrung gegen Herleitung der Strömungen
aus dem Tiefenunterschiede der Becken (s. d. folg. Frgm.) und
des Grundtadels, dass das, was Eratosthenes als Fortschritt hin-
stelle, nicht seltsam durch feststehende Thatsachen erwiesen sei.
Dass er aber mit Recht aufmerksam gemacht habe auf den Widerspruch seines Gegners, der aus den gleichzeitigen Annahmen eines
geschlossenen, überfüllten und sich dann mit Gewalt einen west-
lichen Ausfluss brechenden Mittelmeeres, eines Zusammenflusses
dieses Meeres mit dem rothen und wiederum des rothen mit dem
Atlantischen Ocean entsprang, glauben wir nunmehr dem Strabo
gegenüber behaupten zu können, denn das rothe Meer musste
in diesem Falle einen Abzug für das Mittelmeer gewähren auch
nach Eratosthenes, ebenso wie das Aegaeische Meer für den Pontus

und das sicilische zur Fluthzeit für das tyrrhenische, es sei denn, dass das erythräische Meer als ein ebenfalls höher gelegenes, abgeschlossenes Becken betrachtet worden wäre, wie es Eratosthenes eben nicht that[1]).

VIII. Fragm. 5. Fortsetzung C. 56.

Ψευδῆ δ' εἶναι φήσας τὴν ἐπὶ τοῖς δελφῖσιν ἐπιγραφὴν Κυρηναίων θεωρῶν αἰτίαν ἀποδίδωσιν οὐ πιθανήν, ὅτι ἡ μὲν τῆς Κυρήνης κτίσις ἐν χρόνοις φέρεται μνημονευομένοις, τὸ δὲ μαντεῖον οὐδεὶς μέμνηται ἐπὶ θαλάττῃ ποτὲ ὑπάρξαν. τί γάρ, εἰ μηδεὶς μὲν ἱστορεῖ, ἐκ δὲ τῶν τεκμηρίων, ἐξ ὧν εἰκάζομεν παράλιόν ποτε τὸν τόπον γενέσθαι, οἵ τε δελφῖνες ἀνετέθησαν καὶ ἡ ἐπιγραφὴ ἐγένετο Κυρηναίων θεωρῶν; —

Das Fragment ist dunkel und erwartet noch eine genügende Erklärung.

Eratosthenes hatte unter den Anzeichen für die frühere Ausdehnung des Mittelmeeres bis zur Oase des Ammon C. 49. nach der Erwähnung der dort sich findenden Muscheln, Salzlager und Meerwasserausbrüche auch folgendes vorgebracht: πρὸς ᾧ καὶ ναυάγια θαλαττίων πλοίων δείκνυσθαι, ἃ ἔφασαν διὰ τοῦ χάσματος ἐκβεβράσθαι, καὶ ἐπὶ στυλιδίων ἀνακεῖσθαι δελφῖνας ἐπιγραφὴν ἔχοντας Κυρηναίων θεωρῶν.

, Strabo meint wahrscheinlich in seiner Entgegnung (vrgl. die Groskurd'sche Uebersetzung), es handle sich um ein Weihgeschenk, das mit Beziehung auf die frühere Lage des Orakels gewählt sei. Hipparch muss aber die Stelle ganz anders verstanden haben, denn seine Gründe sind gegen eine gleichzeitige Lage von Kyrene und dem Ammonstempel am Meere gerichtet. So versteht es auch Seydel (Erat. geogr. I. 30). So gut man aber wie dieser letztere unter den Delphinen ein Weihgeschenk für glückliche Fahrt vermuthen kann, dürfte man am Ende auch auf die Vermuthung verfallen, Hipparch habe die Delphine als einen Theil

---

1) Die Frage, ob die Ansicht von der Trennung der Meere schon zu Aristoteles Zeit bekannt gewesen sei, können wir noch nicht als geläst betrachten. Wir wollen an dem, was Letronne und Knge hierzu bieten nur noch aufmerksam machen auf Arist. meteor. I. 13, 16 mit der Bemerkung des Olympiodor (ed. Ideler), u. II. 1; 10, und nochmals hinweisen auf den Irrthum des Alexander, der die Nilquellen im Indus gefunden zu haben glaubte: Arrian. anab. VI. 1, Strab. XV. C. 696, Dazu Phot. bibl. Πυθαγόρου βίος pag. 441ᵇ 5 ff.

der Schiffstrümmer betrachtet, die der Schlund auswarf, und an
eine Verwechselung der Worte συλιδίων (anderwärts στηλιδίων
s. Cramer, Casaub.) mit einem der ähnlich benannten Schiffstheile
denken (ἀπροστάλιον, στολὶς ἄκρα, στηλίς, Erat. catast. 35.
Poll. ouom. I. 80.).

VIII. Fragm. 6. Fortsetzung:

— συγχωρήσας δὲ τῷ μετεωρισμῷ τοῦ ἰδάφους συμμετεω-
ρισθεῖσαν καὶ τὴν θάλατταν ἐπικλύσαι τοὺς μέχρι τοῦ μαν-
τείου τόπους, πλέον ἀπὸ θαλάττης διέχοντας τῶν τρισχιλίων
σταδίων, οὐ συγχωρεῖ τὸν μέχρι τοσούτου μετεωρισμὸν ὥστε
καὶ τὴν Φάρον ὅλην καλυφθῆναι καὶ τὰ πολλὰ τῆς Αἰγύπτου, ὥσπερ οὐχ ἱκανοῦ ὄντος τοῦ τοσούτου ὕψους καὶ ταῦτα
ἐπικλύσαι. φήσας δὲ, εἴπερ ἐπεπλήρωτο ἐπὶ τοσοῦτον ἡ
καθ᾽ ἡμᾶς θάλαττα πρὶν τὸ ἔκρηγμα τὸ κατὰ στήλας γενέσθαι, ἐφ᾽ ὅσον εἴρηκεν ὁ Ἐρατοσθένης, χρῆναι καὶ τὴν Λιβύην πᾶσαν καὶ τῆς Εὐρώπης τὰ πολλὰ καὶ τῆς Ἀσίας κε-
καλύφθαι πρότερον, τούτοις ἐπιφέρει διότι καὶ ὁ Πόντος τῷ
Ἀδρίᾳ σύρρους ἂν ὑπῆρξε κατά τινας τόπους, ἅτε δὴ τοῦ
Ἴστρου ἀπὸ τῶν κατὰ τὸν Πόντον τόπων σχιζομένου καὶ
ῥέοντος εἰς ἑκατέραν τὴν θάλατταν διὰ τὴν θέσιν τῆς χώ-
ρας. ἀλλ᾽ οὔτ᾽ ἀπὸ τῶν κατὰ τὸν Πόντον μερῶν ὁ Ἴστρος
τὰς ἀρχὰς ἔχει, ἀλλὰ τἀναντία ἀπὸ τῶν ὑπὲρ τοῦ Ἀδρίου
ὀρῶν· οὔτ᾽ εἰς ἑκατέραν τὴν θάλατταν ῥεῖ, ἀλλ᾽ εἰς τὸν
πόντον μόνον, σχίζεται δὲ πρὸς αὐτοῖς μόνον τοῖς στόμασι.
κοινὴν δέ τινα τῶν πρὸ αὐτοῦ τισιν ἄγνοιαν ταύτην ἠγνόη-
κεν, ὑπολαβοῦσιν εἶναί τινα ὁμώνυμον τῷ Ἴστρῳ ποταμὸν
ἐκβάλλοντα εἰς τὸν Ἀδρίαν ἀπεσχισμένον αὐτοῦ, ἀφ᾽ οὗ καὶ
τὸ γένος Ἴστρων, δι᾽ οὗ φέρεται, λαβεῖν τὴν προσηγορίαν,
καὶ τὸν Ἰάσονα ταύτῃ ποιήσασθαι τὸν ἐκ τῶν Κόλχων ἀνά-
πλουν.

Ein allgemeiner Ueberblick über das Fragment zeigt, dass
Hipparch die Annehmbarkeit der Hypothese von der Ueberfüllung
des Mittelmeeres einräumte, um abermals zu zeigen, wie Eratosthenes einerseits nicht alle, andererseits ihm unstatthaft erschei-
nende Consequenzen aus derselben gezogen habe. Im einzelnen
bieten sich mehrere Handhaben für die Kenntniss namentlich der
Vorlagen, nach denen er sich richtete.

Mit den ersten Worten συγχωρήσας u. s. w. muss man vergleichen C. 51. 52., wo Strabo bemerkt, von vielen Gründen für

die Veränderungen der Meereshöhe lasse Strato die Hauptsache
bei Seite und ziehe das unpassende hervor, nicht verschiedene
Tiefe der Meeresbecken könne eine solche Wirkung hervorbringen,
sondern Hebung und Senkung des Meeresgrundes. Diese Vergleichung aber zeigt, dass Strabo seinen dortigen Einwand bei
Hipparch vorgefunden haben müsse, denn sonst hätte er ja die
Worte συγχωρήσας τῷ μετεωρισμῷ u. s. w. widerrechtlich eingeschoben.

Hipparch verlangte ferner auf der zugestandenen Basis theils
eine Beschränkung theils eine Erweiterung der Ueberfluthung
durch das Mittelmeer, und man sieht, dass er sich dabei auf bekannte Höhenverhältnisse der Länder und dieselben berührende
Angaben stützte. Im ersten Falle übergeht Strabo die Höhenverhältnisse ganz und stellt in seiner Entgegnung die Entfernung
von der Küste allein als maßgebend in den Vordergrund, im
zweiten Falle ist er im Stande, mit einer durch genauere Kenntniss ermöglichten Correctur die Discussion ganz abzuschneiden.
Die Angabe von der Theilung des Ister, dessen einer Arm in
das schwarze, dessen anderer aber in das adriatische Meer fliesse,
ist, wie auch Strabo angiebt, alt und findet sich bei Aristoteles
und früher noch bei Scylax, die Angabe vom Volke der Istrer
am adriatischen Meere, die den Irrthum wahrscheinlich erzeugte,
schon bei Hekataus, und geht noch bis zum Mela [1]). Die andere
Correctur über die Lage der Isterquellen hätte sich Strabo er-
sparen sollen, denn sie trifft den Hipparch nicht, der wohl sagt,
dass der Fluss sich in der Nähe des Pontus theile, nicht aber,
dass er daselbst entspringe. Da er im Uebrigen der Meinung
des Aristoteles beitritt, ist es am wahrscheinlichsten, dass er auch
die Ansicht über das Quellengebiet des Ister (die Pyrenäen) mit
demselben theilte (Arist. met. l. 13.).

Für die weitere beschränkende Ansicht von der Ueberfluthung mögen dem Hipparch Angaben über die Höhenverhältnisse
Libyens und die Bergrücken zu beiden Seiten des Nilthals vorgelegen haben [2]). Für seine Bemerkung in Betreff der Insel Pharus

---

1) Vrgl. Hecat. Fragm. ed. Klausen. pag. 56 ff. Scylax Caryand.
20 (Huds. p. 7.) Arist. mirab. ausc. II. p. 728. Arist. hist. anim. VIII.
13. Pomp. Mel. II. 3; 18. 4; 4. Strab. VII. C. 317. 2) Vrgl. Herod.
II. 8. Diod. Sic. I. 32. Dass Arist. meteor. I. 14; 26 ff.

bietet sich als Anhaltepunkt die Nachricht Homers, sie sei eine
Tagefahrt vom Festlande Aegyptens entfernt[1]), also nicht über-
fluthet gewesen, als der untere Theil Aegyptens noch unter Wasser stand.

Die nun folgende Fragmentreihe enthält Angriffe Hipparchs
gegen die Correctur, die Eratosthenes mit dem mittelasiatischen
Gebirgszuge den alten Karten gegenüber vorgenommen hatte, und
gegen die darauf gegründeten Ansichten von der Lage und Ausdehnung der anschliessenden Länder, besonders Indiens. Er bestreitet die Berechtigung der Correctur, indem er ihre Grundlagen und Bestandtheile einzeln als unerwiesen oder widersprechend
hinzustellen versucht (vrgl. oben zu Fragm. II. 2.).

Gleich zu Anfang des zweiten Buches setzt Strabo das Verfahren des Eratosthenes auseinander. Er liess den Taurus mit
den sich anschliessenden Gebirgen durch ganz Asien fortlaufen,
parallel und in seinem Südrande zusammenfallend mit dem Breitenkreise von Rhodus; wo er Indien abgrenzt gegen Norden 3000
Stadien breit. Die Richtigkeit seines Verfahrens sucht Eratosthenes durch die Seiten eines Parallelogrammes zu erweisen.
Als südliche Seite nimmt er den von Vielen (ungenannten) auf
Grund gleicher Luft- und Himmelserscheinungen angenommenen
Parallel durch Meroe und die Südspitze von Indien (s. Frgm. IX.
4); als Ostseite die Breite Indiens bis an den Gebirgszug, von
dem (sehr glaubwürdigen) Patrokles auf 15,000 Stadien angegeben.
Er erweitert diese Summe zu 18,000, indem er die Breite des
Gebirgszugs selbst dazu rechnet. Als gleiche Westseite dient die
Entfernung von Meroe bis zum Rhodischen Parallel, die auch
15,000 Stad. hält (s. Frgm. V. 4 ff.) und entsprechend ergänzt
wird durch eine Entfernung von 3000 Stad. zwischen dem Issi-
schen Meerbusen und Amisus am Pontus, er fügt dann auch noch
hinzu, dass von Meroe bis zum Hellespont, den er auf gleiche
Breite mit Amisus setzt, nicht mehr als 18,000 Stadien seien.
Die hierdurch bedingte Nordseite läuft nun ausser durch den
Hellespont und Amisus noch durch Kolchis, die Strasse von da

---

1) Odyss. IV. 355 ff. Dazu Strab. l. c. 50; 58; XII. C. 536. Plin.
h. n. II. 201. V. 128. XIII. 70. Plut. de Isid. et Osir. p. 448 ed. Reiske.

nach dem kaspischen Meere, durch dieses Meer selbst und durch Baktrien.

Der Streit, den Hipparch gegen die einzelnen Bestandtheile dieses Parallelogramms und die darauf basirte Correctur erhob, knüpft an verschiedenen Stellen an, an die Breite Indiens, an andere Entfernungen und Lagenverhältnisse, an die Sphragiden des Eratosthenes, und scheint der Hauptsache nach den Schluss des ersten Buches der Hipparchischen Kritik gebildet zu haben (vrgl. Frgm. R. 1.). Im zweiten Buche kam er nochmals auf den Gebirgszug und die Lage Indiens zurück, indem er hier seine Angriffe an die nördlich der Berge gelegenen Gegenden anknüpfte, wie Strabo bezeugt:

Reihe IX.

IX. Fragm. 1.   Strab. II. C. 92.

— ἐν δὲ τῷ δευτέρῳ ὑπομνήματι ἀναλαβὼν πάλιν τὴν αὐτὴν ζήτησιν τὴν περὶ τῶν ὅρων[1]) τῶν κατὰ τὸν Ταῦρον, περὶ ὧν ἱκανῶς εἰρήκαμεν, μεταβαίνει πρὸς τὰ βόρεια μέρη τῆς οἰκουμένης.

Um dem Gange Strabos zu folgen, hatte Hipparch zunächst die Ostseite des Parallelogramms, die Breite Indiens, angegriffen.

IX. Fragm. 2.   a.) Strab. II. C. 68, 69.

Πρὸς δὲ τὴν ἀπόφασιν ταύτην ὁ Ἵππαρχος ἀντιλέγει διαβάλλων τὰς πίστεις· οὐδὲ γὰρ Πατροκλέα πιστὸν εἶναι, δυεῖν ἀντιμαρτυρούντων αὐτῷ Δημάχου τε καὶ Μεγασθένους, οἳ καθ' οὓς μὲν τόπους δισμυρίων εἶναι σταδίων τὸ διάστημά φασι τὸ ἀπὸ τῆς κατὰ μεσημβρίαν θαλάττης, καθ' οἷς δὲ καὶ τρισμυρίων· τούτοις τε δὴ τοιαῦτα λέγειν καὶ τοὺς ἀρχαίους πίνακας τούτοις ὁμολογεῖν. ἀπίθανον δήπου νομίζει τὸ μόνῳ δεῖν πιστεύειν Πατροκλεῖ, παρέντας τοὺς τοσοῦτον ἀντιμαρτυροῦντας αὐτῷ, καὶ διορθοῦσθαι παρ' αὐτὸ τοῦτο τοὺς ἀρχαίους πίνακας —.

b.) Weiter unten:

Ἔτι φησὶν ὁ Ἵππαρχος ἐν τῷ δευτέρῳ ὑπομνήματι αὐτὸν τὸν Ἐρατοσθένη διαβάλλειν τὴν τοῦ Πατροκλέους πίστιν ἐκ τῆς πρὸς Μεγασθένη διαφωνίας περὶ τοῦ μήκους τῆς Ἰνδικῆς τοῦ κατὰ τὸ βόρειον πλευρόν, τοῦ μὲν Μεγασθένους

---

1) Handschr. ὀρῶν.

λέγοντος σταδίων μυρίων ἑξακισχιλίων, τοῦ δὲ Πατροκλέους
χιλίοις λείπειν φαμένου· ἀπὸ γάρ τινος ἀναγραφῆς σταθμῶν
ὁρμηθέντα τοῖς μὲν ἀπιστεῖν διὰ τὴν διαφωνίαν, ἐκείνῃ δὲ
προσέχειν. εἰ οὖν διὰ τὴν διαφωνίαν ἐνταῦθα ἄπιστος ὁ
Πατροκλῆς, καίτοι παρὰ χιλίοις σταδίους τῆς διαφορᾶς οὔσης,
πόσῳ χρὴ μᾶλλον ἀπιστεῖν ἐν οἷς παρὰ ὀκτακισχιλίους ἢ
διαφορά ἐστι, πρὸς δύο καὶ ταῦτα ἄνδρας συμφωνοῦντας
ἀλλήλοις, τῶν μὲν λεγόντων τὸ τῆς Ἰνδικῆς πλάτος δισμυρίων σταδίων, τοῦ δὲ μυρίων καὶ δισχιλίων;

· IX. Fragm. 3. Strab. II. C. 76.

Πάλιν δ'· ἐκείνου ('Ερατοσθένους) τὸν Δήμαχον ἰδιώτην
ἐνδείξασθαι βουλομένου καὶ ἄπειρον τῶν τοιούτων· οἴεσθαι
γὰρ τὴν Ἰνδικὴν μεταξὺ κεῖσθαι τῆς τε φθινοπωρινῆς ἰση-
μερίας καὶ τῶν τροπῶν τῶν χειμερινῶν, Μεγασθένει δὲ ἀν-
τιλέγειν φήσαντι ἐν τοῖς νοτίοις μέρεσι τῆς Ἰνδικῆς τάς τε
ἄρκτους ἀποκρύπτεσθαι καὶ τὰς σκιὰς ἀντιπίπτειν· μηδέτε-
ρον γὰρ τούτων μηδαμοῦ τῆς Ἰνδικῆς συμβαίνειν· ταῦτα δὴ
φάσκοντος ἀμαθῶς λέγεσθαι — — — — — — — — —
εὐθύνει πάλιν οὐκ εὖ ὁ Ἵππαρχος, πρῶτον ἀντὶ [1]) τοῦ χει-
μερινοῦ τροπικοῦ τὸν θερινὸν δεξάμενος, εἶτ' — —.

IX. Fragm. 4. C. 77.

— εἰ δὲ δὴ καὶ αἱ ἄρκτοι ἐκεῖ ἀμφότεραι, ὡς οἴεται (Με-
γασθένης), ἀποκρύπτονται, πιστεύων τοῖς περὶ Νέαρχον, μὴ
δυνατὸν εἶναι (φησὶν Ἵππαρχος) ἐπὶ ταὐτοῦ παραλλήλου
κεῖσθαι τήν τε Μερόην καὶ τὰ ἄκρα τῆς Ἰνδικῆς.

Die Fragmente reconstruiren allerdings einen wesentlichen
Zug der alten Karte, die Abbengung der grossen Gebirgskette
nach Norden[2]), aber in ihrer Beschränkung selbst diesen Zug zu
unbestimmt und zu vereinzelt, um ein hinreichend klares Bild
von der Vorlage Hipparchs zu ermöglichen. Ueberhaupt stehen
wir an der Grenze der Ueberlieferung, da Strabo bis auf weniges,

---

1) Sonst ἀπό. So corr. v. Koray, Penzel, Pätz, dem französ. Uebersetzer, Groskurd. S. des letzteren Note.   2) Vrgl. Frgm. II. 2.: δεξὴν
φυλάξαντες ὡς οἱ ἀρχαῖοι πίνακες παρέχουσιν. Gossell. S. 40. und
dessen Karte. Was Hipparch von der Abbengung schon der Armenischen Berge von der Eratosthenischen Linie in Frgm. X. 3. bemerkt,
ist aller Wahrscheinlichkeit nach nicht ohne Vertheidigung einer bestimmten Vorlage, sondern ein der Betrachtung und Berechnung der Eratosthenischen Zahlen gelegentlich abgewonnenes Resultat. S. u.

was in den Fragmenten enthalten ist, die Angaben Hipparchs aus
dem zweiten Buche ganz abschneidet. So lässt sich denn auch
der Betrachtung der Stellen ein Resultat abgewinnen, welches
zwar hinreichend ist, die Art der hipparchischen Kritik im Grossen
und Ganzen wieder zu erkennen, nicht aber das Verhältniss derselben zur Vertheidigung Strabos allenthalben ins Helle zu bringen.

Strabo vertheidigte die Eratosthenische Karte mit blenden-
den, nicht vorherzusehenden Wendungen und mancher Spitzfindigkeit, aber ohne überzeugende Kraft. Er ignorirte meisten-
theils die Bestimmtheit des speciellen Falles, das Bindende der
besonderen Beziehungsverhältnisse der vorliegenden Thatsachen
und Autoritäten, und erweitert und zerreisst den Kreis der Fragen willkürlich. Er gewinnt auch einmal seinen Vortheil dadurch, dass er den Gegner bei einem Worte packt und dabei
einen höheren Begriff an die Stelle eines niederen treten lässt.

Ohne es zu wollen, bezeichnet er, Strabo, selbst an einem
entlegneren Orte (XV. C. 690.) das eigentliche Hauptmotiv Hipparchs treffend, indem er sagt: νῦν δὲ τοσοῦτον εἰπεῖν ἱκα-
νόν, ὅτι καὶ ταῦτα συνηγορεῖ τοῖς αἰτουμένοις συγγνώμην,
ἐάν τι περὶ τῶν Ἰνδικῶν λέγοντες μὴ διισχυρίζωνται. Die
Worte καὶ ταῦτα beziehen sich auf die von ihm vorher erwähnte
Unzuverlässigkeit der Quellen über Indien und ihre Widersprüche
unter einander. Hier, wo ein anderer genau dasselbe zu constatiren bemüht ist, widerspricht er ihm Punkt für Punkt, da
jener nicht zugeben will, dass man auf ein so mangelhaftes Wissen eine so welterschütternde Conjectur baue, wie die Eratosthenische Verlegung des asiatischen Gebirgszuges war.

Hipparch wollte den Eratosthenes zeigen, wie er seine Quellen bald benutze, bald verwerfe. Er machte darauf aufmerksam,
dass Eratosthenes bei Erörterung der Breite Indiens die Uebereinstimmung dreier Quellen, des Megasthenes, Deimachus und der
alten Karten, gegen eine, den Patrokles, gar nicht beachte, während er im Betreff der Längenangabe aus der Differenz des Megasthenes und Patrokles Misstrauen gegen beide schöpfe; weiter
darauf, dass der in der letztern Stelle zurückgesetzte Patrokles
derselbe sei, dem er allein gegen dreifaches Gegenzeugniss zu-
traue, die Breite Indiens richtig angegeben zu haben, dass die
Differenz, wegen welcher er ihm hier misstraute, gering, die aber,
trotz der er ihm dort beitrat, bedeutend war. In Anbetracht der

Glaubwürdigkeit scheint Hipparch keinen so grossen Unterschied zwischen den drei Schriftstellern gemacht zu haben, als Strabo, der Megasthenes und Deimachus Fabler schalt und den Patrokles, weil er im Besitze genauer Berichte vom alexandrinischen Feldzuge her und selbst Admiral des Antiochus von Syrien war, für äusserst zuverlässig betrachtet. Vielleicht waren aber die beiden ersteren zur Zeit, da man den Pytheas in Ehren hielt, noch nicht in dem schlimmen Rufe; namentlich Megasthenes findet noch später Anerkennung [1]), wird vom Strabo selbst im 15. Buche und wurde vom Eratosthenes benutzt, und wenn diese Benutzung mit Auswahl geschah, so zeigt die Stelle über die Länge Indiens, in der er mit Patrokles verglichen wird, dass eben Maassangaben in diese Auswahl gehörten. Zudem waren die Verhältnisse beider Männer, die sich als königliche Gesandte am Hofe zu Pallibothra aufhielten, gewiss nicht viel weniger günstig, als die des Patrokles. Der Satz, den Strabo hinstellt, man könne wohl einen Autor an einer Stelle für sicherer, als an der andern halten, kann doch nur unter Darlegung bestimmter, gültiger Bevorzugungsgründe zur Anwendung gelangen. Einen solchen Grund, die Differenz zwischen Megasthenes und Patrokles wegen der Länge Indiens, der freilich gegen Patrokles geht, hebt Hipparch hervor, aber weder Hipparch noch Strabo selbst zeigen eine Spur, dass für die Bevorzugung der Patrokleischen Angabe der Breite Indiens ein solcher besonders von Eratosthenes angeführt worden wäre. Da aber dieselben beiden Personen, Megasthenes und Patrokles hier wiederum in Widerspruch traten, konnte es dem Hipparch doch Niemand verdenken, wenn er aus demselben Verhältnisse dieselbe Folgerung zog und zugleich auf die Grösse der Differenz hinwies, denn Strabos Widerlegung auch dieser letzteren Bemerkung durch den Satz, ein Gelehrter könne sich zwar um ein kleines irren, doch um grosses könne es nur ein Laie, dürfte erst dann zur weiteren Prüfung und Beurtheilung zugelassen werden, wenn der Gegner zuvor genöthigt wäre, den Megasthenes als Laien, den Patrokles als Sachverständigen einander gegenüberzustellen.

Ganz verfehlt ist auch der Angriff, den Strabo gegen den Ausdruck Hipparchs μόνῳ πιστεύειν Πατροκλεῖ führt, indem

---

1) Vgl. Arrian. anab. V. 1. bist. Ind. XVII.

er demselben gegenüber auf die grosse Masse der Eratosthenischen
Quellen hinweist, die Hipparch selbst hervorhebe (βιβλιοθήκην
ἔχων τηλικαύτην, ἡλίκην αὐτός Ἵππαρχός φησιν). Die Frage
ist hier durchaus beschränkt auf die Breitenangabe Indiens, die
Eratosthenes eben allein dem Patrokles entnahm, und wenn nun
Strabo die Autoritäten der Süd-, West- und Nordseite des oben
besprochenen Parallelogramms hervorhebt, so übersieht er ganz,
dass Eratosthenes um die Parallelität der nördlichen Seite zu begründen, die Parallelität und Gleichheit der andern drei Seiten
einzeln an sich erweisen musste, nicht aber von einer auf die
andere schliessen konnte.

Von dem, was Hipparch über den Norden von Asien sagt,
hat uns Strabo nichts überliefert. Wir können daher seine lange
Auseinandersetzung (II. C. 71 ff.), in der er dem Hipparch vorwirft, er habe die Maasse des Megasthenes und Deimachus bei
der Breite Indiens angenommen und somit das gesegnete Baktrien
über den Breitenkreis von ferne und der bewohnten Welt überhaupt versetzt, nicht von allen Seiten entgegen. Zuvörderst
war aber kein Mensch weiter entfernt, diese Maasse und die aus
ihnen hervorgehenden Lagenverhältnisse gut zu heissen, als Hipparch, der mathematische Ortsbestimmung forderte und die Angaben der beiden Männer mit sammt der der älteren Karte bloss
hervorzog, um dem Eratosthenes ihre unmotivirte Vernachlässigung
einer auf gleicher Basis stehenden andern Quelle gegenüber vor-
zuwerfen. Somit lud er höchstens den Schein der Vertretung
jener Breitenzahlen auf sich, und Strabo hält ihn dabei fest, denn
die Gelegenheit schien ihm günstig.

Allerdings würde Baktrien nach der einen Breitenangabe
Indiens zu 20,000 Stadien mit den Dorysthenesländern unter
gleichem Parallel fallen, wäre Indien aber gar 30,000 Stad. breit,
über die nördlichsten bekannten Punkte zu stehen kommen, aber
das Alles nur unter der Voraussetzung, dass die Südspitze Indiens mit Meroe gleiche Breite habe und Baktrien durchaus nördlich von Indien liege.

Gegen die erstere dieser beiden Voraussetzungen verwahrt
sich Hipparch aufs entschiedenste, und zwar in seinem zweiten
Buche[1]). Während er sich im ersten Buche zum Schlusse mit

---

1) Vrgl. Frgm. II. 4.

Südasien beschäftigte, von Indien auf die westlicheren Sphragiden des Eratosthenes und deren Auffassung und Gestaltung überging, scheint er dort, wo er vom Norden Asiens handelte, passendere Gelegenheit gesehen zu haben, auf die Frage über Indiens Lage, die sich an die Annahme einer so grossen Breitenausdehnung des Landes knüpfte, einzugehen. Wie Hipparch die fragliche Annahme zurückwies, ist zu Frgm. II. 4. näher besprochen. Dem Strabo aber bereitete das spätere Auftreten dieser Stelle, die er denn auch selbst erst zu spät gesehen zu haben scheint, einige Unannehmlichkeiten. Seine ganze copiose Deduction war darauf gebaut, dass Hipparch im ersten Buche jener Breitenlinie durch Meroe und die Südspitze von Indien nicht widersprochen hatte (C. 71. ὅρα γὰρ εἰ τοῦτο μὲν μὴ κινοίη τις, τὸ τὰ ἄκρα τῆς Ἰνδικῆς τὰ μεσημβρινὰ ἀνταίρειν τοῖς κατὰ Μερόην); als er nun aber die Stelle fand, welche die gleiche Breitenbestimmung der beiden Gegenden doch zurückwies, war und blieb seiner Deduction der Boden weggezogen, und er konnte nur noch die einzelnen Gründe dieser Abweisung anfechten, wie er es C. 77 thut. Auch hierin ist er nicht glücklich. Er will dem Hipparch, der astronomische Angaben zur Begründung fordert, beweisen, dass Eratosthenes solche benutzt habe und bringt zu dem Ende die Notiz des Megasthenes_dass beide Bären im südlichen Indien untergingen. Dann aber könnte ja Indien, wie Hipparch im Fragmente bemerkt, nicht auf einen Parallel mit Meroe kommen, sondern müsste noch unter die Zimmtküste gestellt werden, da sich dort schon[1]) der kleine Bär im arktischen Kreise bewegt, und somit ist denn Strabo genöthigt, von dieser einzig sich bietenden astronomischen Bestimmung und ihrer Benutzung den Eratosthenes sofort wieder zu befreien[2]), um dem Hipparch nicht in die Hände zu arbeiten.

Was die Angabe des Megasthenes über den Untergang der beiden Bären selbst angeht, so scheint Hipparch dieselbe in Zweifel gezogen oder nicht für vollgültig angesehen zu haben, denn sonst wären seine Worte τὸ δ' ἐν τῇ Ἰνδικῇ κλίμα μηδένα ἱστορεῖν wirklich nicht 'am Platze gewesen und er hätte mit seiner Argumentation von vorn herein den Weg einschlagen

---

1) Vgl. die Breitentabelle, Fragm. V. 3.[b]   2) Vgl. die Note Groskurds.

müssen, den er in Frgm. IX. 4. andeutet. Sein Angriff gegen
Deimachus, der ihm einen besonderen Tadel Strabos dafür ein-
trägt, dass er, wie Groskurd erklärt, ein grobes Vergehen für
ein Versehen annehmen wollte, hatte jedenfalls mehr den Zweck,
dieses Mannes Unwissenheit in astronomischen Dingen ans Licht
zu ziehen, als die Vertheidigung der astronomischen Notiz des
Megasthenes.

Wie sich Hipparch zu der zweiten der oben besprochenen
Voraussetzungen, die an die Lage Baktriens geknüpft war, gestellt habe, können wir aus dem in den Fragmenten vorliegenden
nicht ersehen, da Strabo von dem Theile der Hipparchischen
Kritik, der gegen die Eratosthenischen Anordnungen in Nordasien
und Europa gerichtet war, nur noch wenige Andeutungen giebt,
wie wir oben bereits bemerkten.

Sowie er die Ost- und Südseite des Eratosthenischen Parallelogramms angriff, hatte sich Hipparch nach Frgm. II. 2. und
nach C. 71 auch gegen die Nordseite selbst und gegen die Breite
des Gebirgszuges (3000 Stad.) gewandt, wie sie Strabo und Eratosthenes fassend auf dem Breitenunterschied zwischen dem Issischen Busen und Amisus (s. o.) festhielten. Das Referat Strabos
über die Angriffe Hipparchs ist in einer Lücke dort verloren gegangen, so viel lässt sich aber aus Strabos Antworten ersehen
und aus Frgm. II. 2., dem Angriffe Hipparchs gegen die Parallelität des Gebirgszuges, den Strabo wörtlich seinem zweiten
Theile der Entgegnung einverleibt hat, dass der Tadel gegen den
gänzlichen Mangel mathematischer Begründung der beiden Linien
gerichtet war. Groskurd hat die Lücke mit vielem Scharfsinne
und einer bewundernswerthen Sicherheit in Nachbildung der Dar-
stellungsweise und Sprache Strabos zu ergänzen versucht und
zwar folgendermaassen:

Ἀλλ' οὔτε τὴν δευτέραν πίστιν συγχωρῶν, τὸ ἀπὸ τοῦ
Ἰσσικοῦ κόλπου ἐπ' Ἀμισὸν καὶ τὴν Ποντικὴν θάλατταν
διάστημα οὐ πώποτε μεμετρῆσθαί φησι, καὶ μεῖζον ἂν εἶναι
τῶν τρισχιλίων· οὐδὲ δὴ ἀκολουθεῖν, εἰ καὶ δοθείη ἐκείνῳ
τὸ διάστημα, ὅτι τὸ τῶν Ἰνδικῶν ὀρῶν πλάτος μὴ μεῖζόν
ἐστι τῶν τρισχιλίων. Πολὺ ἧττον δὲ ἐγνωσμένον εἶναι, ὅτι
ἡ ἀπ' Ἀμισοῦ κατὰ τὰ ὄρη εἰς τὴν ἰσην θάλατταν φερομένη
γραμμὴ ἐπ' εὐθείας ἐστί, καὶ ἐπ' ἰσημερινὰς ἀνατολάς· δεῖν
δὲ μᾶλλον, εἴπερ τὸ τῆς Ἰνδικῆς πλάτος δισμυρίων καὶ

πλειόνων ἐστὶ κατὰ Δήἰμαχον καὶ Μεγασθένη, ἀκαλλάττειν
αὐτὴν ἐπὶ θερινάς ἀνατολάς, ὥστε καὶ ἡ Ἰνδικὴ αὐτὴ καὶ τὰ
ὄρη πολὺ ἀρκτικώτερα ἂν εἴεν, ἢ κατὰ τὸν Ἐρατοσθένη.
Ἀλλὰ καὶ ταῦτα ὁ Ἵππαρχος οὐκ εὖ λέγει. Τὴν γὰρ ἀπ'
Ἀμισοῦ διὰ Βάκτρων φερομένην γραμμὴν οὐκ εἰς ἄρκτον
ἀκαλλάττειν, ἀλλ' ἐπ' εὐθείᾳ μέχρι τῆς ἑῴας θαλάττης δια-
τείνεσθαι ὡμολόγηται ἱκανῶς· ὡσαύτως δὲ καὶ τὴν ἀπὸ Μι-
ρόης μέχρι τοῦ Ἑλλησπόντου μυρίους εἶναι καὶ ὀκτακισχιλίους σταδίους, τὸ δὲ ἀπὸ Ῥόδου εἰς τοῦτον διάστημα τρισχιλίους ἢ μικρῷ πλείους. Τὸ αὐτὸ δὲ καὶ τὸ ἀπὸ τοῦ Ἰσσικοῦ κόλπου εἶναι δεῖ ἐπ' Ἀμισόν, διότι ἀμφότερα τὰ διαστήματα ἴσα μέρη μεσημβρινῶν ἐστιν.

Groskurd ist vielleicht etwas zu weit gegangen in der Re-
construction der Hipparchischen Angriffsmomente. Wie sich aus
Strabos Entgegnungen ersehen lässt, wies Hipparch hier nicht
auf den Widerstreit Eratosthenischer Gründe gegen einander hin,
sondern trat mit seinen eigenen astronomischen Gründen auf,
und das Erste, was Strabos Antwort nicht nur zulässt, sondern
offen an die Hand giebt, würde die Vermuthung sein, Hipparch
habe die unstatthafte Annahme des Meridians vom Issischen Busen
nach Amisus getadelt. Groskurd fasst die Worte Strabos (εἰ γὰρ
ὁ διὰ Ῥόδου καὶ Βυζαντίου μεσημβρινὸς ὀρθῶς εἴληπται καὶ
ὁ διὰ τῆς Κιλικίας καὶ Ἀμισοῦ ὀρθῶς ἂν εἴη εἰλημμένος)
nur als Begründung eines Parallelogramms, dessen er sich bedient habe, um dem Vorwurfe Hipparchs zu begegnen, die Entfernung der beiden Punkte sei nicht gemessen und wohl grösser
als 3000 Stadien. Wie scharfsinnig diese Conjectur aber auch
erscheinen muss, wenn wir von Strabos Entgegnung zurückblicken,
so lässt sich doch die Annahme, Hipparch habe die Entfernung
als nicht gemessen, vielleicht zu klein bezeichnet, durchaus nicht
nachweisen. Es hat den Anschein, als habe Groskurd eine spätere Stelle (Frgm. X. 3.) vor Augen gehabt, in der Hipparch die
Linie von Thapsakus durch Armenien als ungemessen hervorhebt.
Einer Fusion dieser Linie aber mit der hierher gehörigen würde
Strabo wohl entgegengetreten sein (vrgl. Strab. XIV. C. 678 und
die Angabe der armenischen Grenzen XI. C. 521. 527.). Die
Vermuthung hat nicht mehr Gründe für sich, als die entgegen-
gesetzte, Hipparch habe die Stadienzahl von Cilicien nach Amisus
für zu gross gehalten, wie sein Zeitgenosse Apollodor und später

7*

Artemidor, die einen Isthmus zwischen Tarsus und Amisus, gewissermassen die Spitze eines Dreiecks Kleinasien annahmen (Strab. XIV. C. 677 ff.).

Gleicherweise erscheint der zweite Theil der Ergänzung in seiner wörtlichen Beeinganzheit nicht begründet und der ganz vorliegenden Entgegnung Strabos nicht entsprechend. Unverbürgt ist der Ausdruck ἀκαλλάττειν αὐτὴν ἐπὶ θερινὰς ἀνατολάς (sc. τὴν ἀπ' Ἀμισοῦ κατὰ τὰ ὄρη φερομένην γραμμήν); unwahrscheinlich dazu ist das Zurückfallen in die im vorigen befolgte Angriffsweise und zwar behufs einer positiven Correctur der Linie des Eratosthenes. Einem nochmaligen Auftreten des Deimachus mit seinen 30,000 Stadien würde Strabo eine ganz andere Entgegnung gewidmet haben, als die Worte οὐκ εὖ λέγει und weiterhin ὡμολόγηται ἱκανῶς, womit Groskurd seine Antwort antcipirt, und er hätte es dann leicht gehabt, wenn Hipparch zur Beseitigung der Eratosthenischen Linie erst seine härtesten astronomischen Forderungen in Bewegung gesetzt und dann flugs eine Correctur mit Deimachischen Maassen daran geknüpft hätte. Die Lücke war vielleicht viel geringer und enthielt wahrscheinlich von dem Angriffe Hipparchs auf die Parallelität der Tauruskette nichts, als die einfache Notiz, die Strabo dann nach Abfertigung der ersten Frage in der Folge C. 71 weiter und unter Beibringung der eigenen Worte Hipparchs auseinandersetzte.

Auch weiterhin, so weit wir die Kritik Hipparchs verfolgen können, d. h. so weit Strabos Ueberlieferung geht, ist es immer diese Hauptcorrectur des Eratosthenes, um die sich alles dreht. Eratosthenes hatte das südliche Asien in vier sogenannte Sphragiden eingetheilt. Die erste war Indien, die zweite Arien, die dritte der Hauptsache nach Persien und Medien, die vierte das vordere Asien. Sie waren nach Strabos Angabe nur im ungefähren Umriss (τυπωδῶς) entworfen und nach Länge und Breite, so gut es möglich war, abgesteckt. Hipparch knüpfte nun an die einzelnen Linien der Sphragiden und deren Fügung trigonometrische Betrachtungen an, deren Ergebniss gegen die Sphragiden selbst, wie gegen die andern Anordnungen des Eratosthenes gerichtet war. Der erste Beweis sollte darthun, dass die armenische Gebirgskette als Fortsetzung des Taurus sich bedeutend nördlich von dem Rhodischen Parallelkreise ablege.

Reihe X.

X. Fragm. 1. Str. II. C. 77. 78.

Καὶ ἐν τοῖς ἑξῆς δὲ περὶ τῶν αὐτῶν ἐπιχειρῶν ἢ ταὐτὰ
λέγει τοῖς ἐξελεγχθεῖσιν ὑφ' ἡμῶν, ἢ λήμμασι προσχρῆται
ψευδέσιν, ἢ ἐπιφέρει τὸ μὴ ἀκολουθοῦν, οὔτε γὰρ τῷ ἀπὸ
Βαβυλῶνος εἰς Θάψακον εἶναι σταδίοις τετρακισχιλίοις ὀκτακοσίοις, ἐντεῦθεν δὲ πρὸς τὴν ἄρκτον ἐπὶ τὰ Ἀρμένια ὄρη
[δισ]χιλίους¹) ἑκατόν, ἀκολουθεῖ τὸ ἀπὸ Βαβυλῶνος ἐπὶ τοῦ
δι' αὐτῆς μεσημβρινοῦ ἐπὶ τὰ ἀρκτικὰ ὄρη πλείους εἶναι τῶν
ἑξπκισχιλίων· οὔτε τὸ ἀπὸ Θαψάκου ἐπὶ τὰ ὄρη [δισ]χιλίων
καὶ ἑκατόν φησιν Ἐρατοσθένης, ἀλλ' εἶναί τι λοιπὸν ἄκα
τεμέτρητον, ὥσθ' ἡ ἑξῆς ἔφοδος ἐκ μὴ διδομένου λήμματος
οὐκ ἂν ἐπεραίνετο· οὔτ' ἀπεφήνατο οὐδαμοῦ Ἐρατοσθένης
τὴν Θάψακον τῆς Βαβυλῶνος πρὸς ἄρκτον κεῖσθαι πλείοσιν
ἢ τετρακισχιλίοις καὶ πεντακοσίοις σταδίοις.

Ἑξῆς δὲ συνηγορῶν ἔτι τοῖς ἀρχαίοις πίναξιν οὐ τὰ λεγόμενα ὑπὸ τοῦ Ἐρατοσθένους προφέρεται περὶ τῆς τρίτης
σφραγῖδος, ἀλλ' ἑαυτῷ κεχαρισμένως πλάττει τὴν ἀπόφασιν
πρὸς ἀνατροπὴν εὐφυῆ.

X. Fragm. 2. C. 80. 81.

Περὶ δὲ τῆς τρίτης σφραγῖδος καὶ ἄλλα μέν τινα ἅμαρ
τήματα ποιεῖ (Ἐρατοσθένης). περὶ ὧν ἐπισκεψόμεθα, ἃ δὲ
Ἵππαρχος προφέρει αὐτῷ, οὐ πάνυ. σκοπῶμεν δ' ἃ λέγει.
βουλόμενος γὰρ βεβαιοῦν τὸ ἐξ ἀρχῆς, ὅτι οὐ μεταθετέον
τὴν Ἰνδικὴν ἐπὶ τὰ νοτιώτερα, ὥσπερ Ἐρατοσθένης ἀξιοῖ,
σαφὲς ἂν γενέσθαι τοῦτο μάλιστά φησιν ἐξ ὧν αὐτὸς ἐκεῖ
νος προφέρεται⁷)· τὴν γὰρ τρίτην μερίδα κατὰ τὴν βόρειον
πλευρὰν εἰκόντα ἀφορίζεσθαι ὑπὸ τῆς ἀπὸ Κασπίων πυλῶν
ἐπὶ τὸν Εὐφράτην γραμμῆς σταδίων μυρίων οὔσης, μετὰ
ταῦτα ἐπιφέρειν ὅτι τὸ νότιον πλευρὸν τὸ ἀπὸ Βαβυλῶνος
εἰς τοὺς ὅρους τῆς Καρμανίης μικρῷ πλειόνων ἐστὶν ἢ ἐνα
κισχιλίων, τὸ δὲ πρὸς δύσει πλευρὸν ἀπὸ Θαψάκου παρὰ
τὸν Εὐφράτην ἐστὶν εἰς Βαβυλῶνα τετρακισχίλιοι ὀκτακόσιοι
στάδιοι, καὶ ἑξῆς ἐπὶ τὰς ἐκβολὰς τρισχίλιοι, τὰ δὲ πρὸς
ἄρκτον ἀπὸ Θαψάκου τὸ μὲν ἀπομεμέτρηται μέχρι χιλίων

---

1) χιλίους hier u. unten die Hdschr. Corr. von Koray nach Cas.
Conjectur. 2) προσφέρεται Cas.

ἑκατόν, τὸ λικπὸν δ᾽ οὐκέτι. „ἐπεὶ τοίνυν", φησί, „τὸ μὲν
„βόρειόν ἐστι πλευρὸν τῆς τρίτης μερίδος ὡς μυρίων, ἡ δὲ
„τούτῳ¹) ππράλληλος ἀπὸ Βαβυλῶνος εὐθεῖα μέχρι ἀνατολι-
„κοῦ πλευροῦ συνελογίσθη μικρῷ πλειόνων ἢ ἐνακισχιλίων,
„δῆλον ὅτι ἡ Βαβυλὼν οὐ πολλῷ πλείοσιν²) ἢ χιλίοις στα-
„δίοις ἐστὶν ἀνατολικωτέρα τῆς κατὰ Θάψακον διαβάσεως".

X. Fragm. 3. Weiter unten C. 82.

— πάλιν ἄλλως³) πλάττει λῆμμα ἑαυτῷ πρὸς τὴν ἑξῆς ἀπόδειξιν
καί φησιν, ἐὰν ἐννοηθῇ ἀπὸ Θαψάκου ἐπὶ μεσημβρίαν εὐθεῖα ἀγομένη καὶ ἀπὸ Βαβυλῶνος ἐπὶ ταύτην κάθετος, τρίγωνον ὀρθογώνιον ἔσεσθαι, συνεστηκὸς ἔκ τε τῆς ἀπὸ Θαψάκου ἐπὶ Βαβυλῶνα τεινούσης πλευρᾶς καὶ τῆς ἀπὸ Βαβυλῶνος καθέτου ἐπὶ τὴν διὰ Θαψάκου μεσημβρινὴν γραμμὴν
ἠγμένης καὶ αὐτῆς τῆς διὰ Θαψάκου μεσημβρινῆς. τούτου
δὲ τοῦ τριγώνου τὴν μὲν ὑποτείνουσαν τῇ ὀρθῇ τὴν ἀπὸ
Θαψάκου εἰς Βαβυλῶνα τίθησιν, ἣν φησι τετρακισχιλίων
ὀκτακοσίων εἶναι, τὴν δ᾽ ἐκ Βαβυλῶνος εἰς τὴν διὰ Θαψάκου μεσημβρινὴν γραμμὴν κάθετον μικρῷ πλειόνων ἢ χιλίων,
ὅσων ἦν ἡ ὑπεροχὴ τῆς ἐπὶ Θάψακον πρὸς τὴν μέχρι Βα-
βυλῶνος· ἐκ δὲ τούτων καὶ τὴν λοιπὴν τῶν περὶ τὴν ὀρθὴν
συλλογίζεται πολλαπλάσιον οὖσαν τῆς λεχθείσης καθέτου·
προστίθησι δὲ ταύτῃ τὴν ἀπὸ Θαψάκου πρὸς ἄρκτον ἐκβαλ-
λομένην μέχρι τῶν Ἀρμενίων ὀρῶν, ἧς τὸ μὲν ἔφη μεμε-
τρῆσθαι Ἐρατοσθένης καὶ εἶναι χιλίων ἑκατόν, τὸ δ᾽ ἀμέ-
τρητον ἐᾶ. οὗτος δ᾽ ἐπὶ τοὐλάχιστον ὑποτίθεται χιλίων,
ὥστε τὸ⁴) συνάμφω δισχιλίων καὶ ἑκατὸν γίγνεσθαι, ὃ προσ-
θεὶς τῇ ἐπ᾽ εὐθείας πλευρᾷ τοῦ τριγώνου μέχρι τῆς καθέτου τῆς ἐκ Βαβυλῶνος πολλῶν χιλιάδων λογίζεται⁵) διάστημα τὸ ἀπὸ τῶν Ἀρμενίων ὀρῶν καὶ τοῦ δι᾽ Ἀθηνῶν παραλλήλου μέχρι τῆς ἐκ Βαβυλῶνος καθέτου, ἥτις ἐπὶ τοῦ
διὰ Βαβυλῶνος παραλλήλου ἵδρυται. τὸ δέ γε ἀπὸ τοῦ δι᾽
Ἀθηνῶν παραλλήλου ἐπὶ τὸν διὰ Βαβυλῶνος δείκνυσιν οὐ

---

1) τούτων codd. corr. v. Groskurd. 2) πλείοσιν muss ein Versehen
sein. Es giebt nach Hipparchs Auseinandersetzung gar keinen Sinn.
Es müsste ja weniger als 1000 Stadien sein, wenn Hipparch nicht die
speciellieren Angaben (C. 79, 80.) von 10,300 u. 0200 Stadien brauchte.
3) ἄλλα die Ausgg. nach Xyl. 4) τὰ συνάμφω (sc. μέρη, διαστήματα)
Groskurd. 5) τὸ fügt Koray ein.

μεῖζον ἂν σταδίων δισχιλίων τετρακοσίων, ὑποτεθέντος τοῦ
μεσημβρινοῦ παντὸς τοσούτων σταδίων, ὅσων Ἐρατοσθένης
φησίν. εἰ δὲ τοῦτο, οὐκ ἂν ἦν τὰ ὄρη τὰ Ἀρμένια καὶ τὰ
τοῦ Ταύρου ἐπὶ τοῦ δι' Ἀθηνῶν παραλλήλου, ὡς Ἐρατοσθένης, ἀλλὰ πολλαῖς χιλιάσι σταδίων ἀρκτικώτερα κατ' αὐτὸν ἐκεῖνον.

Hipparch wollte aus den Eratosthenischen Maassangaben für
die dritte Sphragis den Beweis ableiten, dass schon in Armenien
der Gebirgszug bedeutend nördlich abweiche von dem Rhodischen
Parallelkreise. Sein Beweis gründet sich auf die von ihm nach
astronomischen Nachrichten angenommene Breite von Babylon
(circa 33½° s. Frgm. V. 7.) und auf die Construction eines rechtwinkligen Dreiecks[1]). Die Hypotenuse desselben war die Entfernung von Thapsakus bis Babylon, nach Eratosthenes 4800
Stadien. Die kleine Kathete war das Stück des Parallels von Babylon von dieser Stadt westlich bis zum Meridian von Thapsakus.
Hipparch zog sie aus der Längendifferenz der nördlichen und der
südlichen Seite der dritten Sphragis, die er parallel und in gleicher
Länge östlich abschliessend betrachtete. Die nördliche berechnete
Eratosthenes auf 10,000 St. (10,300), die südliche auf 9000 St.
(9200). Er nahm daraus die Längendifferenz zwischen Babylon
und Thapsakus auf 1000 Stadien in runder Summe, was für die
grosse Kathete beinahe 4700 (4695) Stadien ergeben würde.
Strabo bezeichnet diese Zahl der grossen Kathete einmal bloss
durch πολλαπλάσιον τῆς λεχθείσης καθέτου, vorher C. 78 zu
Anfang durch πλείοσιν ἢ τετρακισχιλίοις καὶ πεντακοσίοις
σταδίοις. Zur Summe dieser grossen Kathete, dem Dreiecksun-
terschiede von Babylon und Thapsakus, rechnete nun Hipparch
weiter nach Norden erst 1100 Stadien, die Eratosthenes als gemessen bezeichnet hatte, dann noch bis zu den armenischen Gebirgen 1000 Stadien, denn so hoch schätzte er den noch unge-
messenen Theil. Woran er sich dabei hielt, wissen wir nicht,
doch stimmt seine Schätzung mit Strabo's späterer Angabe überein, es sei vom Zeugma in Commagene bis Thapsakus nicht weniger als 2000 St. zu rechnen (Str. XVI. C. 746).

Im Ganzen genommen belief sich also die Entfernung vom
babylonischen Parallel bis zur armenischen Gebirgsgrenze schlecht

1) Vrgl. Groskurds Anmerk. u. Zeichnung und Gossellin Hipp. S. 31.

gerechnet auf 6600 Stadien, und da nun Hipparch nachweisen
konnte, dass Babylon der Breite nach von dem Rhodischen Parallel, seinem 36. Grade, nur 2400 Stadien entfernt sein könne,
musste er schliessen, dass die Tauruskette, an deren Südrande
Eratosthenes den Rhodischen Parallel bis ans Ende der Welt führte,
bereits in Armenien um 4200 Stadien oder 6 Grade von diesem
Parallel nördlich abgewichen sei.

Strabo setzt Alles in Bewegung gegen dieses Verfahren und
macht den Hipparch mit Unrecht bald zum Kinde, bald zum of-
fenbaren Schwindler. Seine Behandlung dieser Materie nennt
Gossellin mit Recht lang, unterbrochen und voller Wiederholungen,
Wiederholungen namentlich derselben Gründe. Ohne einen un-
zulässigen Beweis anstrengen zu wollen, würde uns schon die anerkannte Billigkeit und Vorsicht Hipparchs und seine grosse mathematische Autorität als Bürgschaft gelten, dass ihn auch hier
wenigstens nicht alle Wahrheitsliebe und aller Menschenverstand
verlassen haben könne.

Alle Wege der vorliegenden Fragen laufen zuletzt auf eine
Linie hinaus, auf die Grenze der zweiten und dritten Sphragis,
die Linie von den kaspischen Pforten nach der persisch-karmanischen Grenze. Strabo behauptet, Eratosthenes habe diese Linie
südöstlich ausgebogen, Hipparch, er habe sie als meridional betrachtet. Wenn Hipparch Recht hatte, so wäre Eratosthenes von
einigen starken Widersprüchen seiner Entfernungsangaben nicht
frei zu machen, hatte Strabo Recht, so wäre Hipparch eines fol-
genschweren Missverständnisses, wenn nicht gar, wie jener will,
einer listigen Ausbeutung der undeutlichen Ausdrucks- und Dar-
stellungsweise des Gegners zu zeihen. Ohne eine vollendete
Rechtfertigung anzukündigen, wollen wir doch die Punkte hervor-
heben, die für die Hipparchische Auffassung sprechen.

Wenn wir zunächst die eben besprochene Hauptlinie einen
Augenblick bei Seite lassen, so haben die übrigen Bedenken, die
Strabo abgesondert gegen Hipparchs Dreieck vorbringt, kein
grosses Gewicht. Dass die Nordseite von den kaspischen Thoren
bis Thapsakus nicht parallel war, konnte und wollte Hipparch
nicht übersehen noch verleugnen. Er brauchte die Linie aber
nur als Hypotenuse eines andern Dreiecks zu betrachten und die
abgeschätzte Entfernung von Thapsakus bis zu den armenischen
Bergen als deren kleine Kathete, so musste sich die wirklich

parallele Nordseite noch um ein Stück kleiner ergeben. Dass
Hipparch dies nicht that, kann nur den Grund gehabt haben,
dass er dem Eratosthenes schon diese Reduction vollzogen zu
haben zutraute, oder durch Weglassung der 300 Stadien sie selbst
vollzog. ·

Strabo warf dem Hipparch weiter vor, die 4800 Stadien
von Thapsakus nach Babylon gingen an den Krümmungen des
Euphrat hin und könnten somit nicht als gerade Entfernung betrachtet werden. Hipparch aber hat sie als reducirt angenommen und hatte dazu gewiss guten Grund, denn ein nicht redu-
cirtes Wegmaass konnte doch für den vorliegenden Zweck des
Eratosthenes gar keine Bedeutung haben, der lange Weg von
Thapsakus nach den kaspischen Thoren und von Babylon nach
Persepolis musste auch erst auf die gerade Linie reducirt werden,
und ein Maass, welches sowohl dem Eratosthenes als seinem Gegner
bekannt sein konnte, die Angabe des Xenophon, beträgt von Thapsakus bis in die Nähe des Kampfplatzes von Kunaxa bereits
5700 Stadien (190 Parasangen).

Dass Eratosthenes zur Südgrenze seiner dritten Abtheilung
nicht die Küste des persischen Golfes, welche der Hauptsache
nach nordwestlich lief[1]) und genau gemessen war, sondern merk-
würdiger Weise eine Linie mitten durch das Land (Babylon-Per-
sepolis) nahm, ist Beweises genug, dass er eine convergirende
Linie, selbst wenn sie den Vorzug einer natürlichen Grenze heraus, nicht haben wollte, wenn er eine leidliche, namentlich mess-
bare Parallele gewinnen konnte.

Die zweite Sphragis hatte Eratosthenes nördlich durch den
grossen Gebirgsang, östlich durch den Indus, südlich durch die
Küste des indischen Oceans abgesteckt. Für die westliche Seite
bot sich kein Gebirge, kein Fluss, keine Küste. Die Völker und
Länder der betreffenden Gegend waren vielfach in einander geschoben, und so musste er eine imaginäre Linie von den kaspischen Thoren nach der persisch-karmanischen Grenze die Sphragis nach dieser Seite begrenzen lassen. Strabo sagt nun von
diesen Seiten in einem Athemzuge (C. 71.), die drei erstgenannten
wären εὐφυεῖς πρὸς τὸ ἀποτελέσαι παραλληλόγραμμον σχῆμα

---

1) Vrgl. Arrian. Ind. cap. XXXII. Alle Karten nach Eratosthenes
geben diese Richtung der Küste mit Ausnahme der Mannertschen.

und sechs Zeilen weiter: παράλληλα δ' οὐ λέγει· οὐδὲ τὰ λοιπά, τό τε τῷ ὄρει γραφόμενον καὶ τὸ τῇ θαλάττῃ, ἀλλὰ μόνον τὸ μὲν βόρειον τὸ δὲ νότιον. Er erkannte also selbst die Parallelität der Süd- und Nordseite und die rechtwinklige Lage der Ostseite zu den beiden an, wie es nach Eratosthenes Bestimmungen über den Lauf des grossen Gebirgszuges und des Indus auch nicht anders ging [1]), und konnte durch seine zweite Bemerkung nur principiell die Absicht des Eratosthenes, ein Parallelogramm zu construiren, ableugnen wollen. In Betracht dieser drei Seiten durfte er also dem Hipparch, der das Parallelogramm für vollendet nahm, nichts anhaben, und das ganze Gewicht seiner Widerlegung fällt auf die Westseite, auf die wir schon oben aufmerksam machten. Er bringt aber für die grosse Ausbeugung dieser Westseite, die für die Widerlegung Hipparchs nothwendig wird, keine Vorlage und keinen anderen Beleg, als die wiederholte Versicherung, Eratosthenes habe sie nicht parallel annehmen wollen, und die Beschaffenheit der Linie selbst. Letztere drückt er mit folgenden Worten aus: τὴν δ' ἑσπέριον οὐκ ἔχων σημείοις ἀφορίσαι διὰ τὸ ἐπαλλάττειν ἀλλήλοις τὰ ἔθνη, γραμμῇ τινι ὅμως δηλοῖ τῇ ἀπὸ Κασπίων πυλῶν ἐπὶ τὰ ἄκρα τῆς Καρμανίας τελευτώσῃ τὰ συνάπτοντα πρὸς τὸν Περσικὸν κόλπον. Diese letzteren Worte zeigen wohl, dass die Linie keinen Anhaltepunkt hatte und eine rein gedachte war, dass sie aber eine Deutung mache, davon sagen sie nicht das mindeste. Im Gegentheil deutet der Gegensatz ὅμως δηλοῖ darauf hin, dass sie die entgegenstehenden Grenzwindungen übersprang. Dass aber Hipparch nicht Unrecht hatte, anzunehmen, Eratosthenes habe sie parallel mit dem Indus ziehen wollen, dafür liefert Strabo selbst zwei Belege.

Der erste ist der, dass er selbst (XV. C. 724.) die Nordseite von Ariane, der zweiten Sphragis, vom Indus bis zu den kaspischen Thoren, auf 14,000 Stadien, wenig vorher (C. 720.) die

----

1) S. Auf. d. zweiten Buches u. C. 87. Uebrigens zeigt die erste Bemerkung, zusammengehalten mit XV. C. 729, dass sich auch Strabo und Eratosthenes die Hauptrichtung der Küste der Ichthyophagen, Oriten und Arbier rein westlich dachten, wie es in Arr. Ind. XXXII. ausgesprochen ist: Ἐνθένδε (von der karmanischen Grenze) δὲ ἑσπέρως ὀνήίει πρὸς ἥλιον δυσμένον ἔκλινον· ἀλλὰ τὸ μεταξὺ δύσιός τε ἡλίου καὶ τῆς ἄρκτου οὕτω μᾶλλόν τι αἱ πρῷραι αὐτοῖς ἐπείχον.

Südseite derselben, die Küsten der Arbier, Oriten, Ichthyophagen und Karmanlens auf 13,900 Stadien berechnet, und noch auf eine Messung aufmerksam macht, die für die Südküste mehr in Anspruch nahm[1]). Waren also diese beiden Linien gleich, floss der Indus von Norden nach Süden, wie Eratosthenes wollte (s. u.), war die Südseite der Nordseite parallel, wie Strabo (s. o.) selbst zugiebt und die Richtungsangabe des Nearch (Ind. XXXII) bestätigt, so musste eine Linie, die man sich von den kaspischen Thoren nach der karmanischen Westgrenze gezogen dachte, dem Indus parallel, also meridional vorgestellt sein.

Der andere Beleg liegt darin, dass Strabo (II. C. 80.) den Eratosthenes als Grund für den Unterschied der beiden Längenlinien der dritten Sphragis (Kaspische Thore — Thapsakus, Grenze von Karmanien — Babylon) die Krümmung des Euphrat angeben lässt: τὴν δὲ διαφωνίαν τοῦ μήκους φησὶ συμβαίνειν, τοῦ τε βορείου τεθέντος πλευροῦ καὶ τοῦ νοτίου, διὰ τὸ τὸν Εὐφράτην μέχρι τινὸς πρὸς μεσημβρίαν ῥυέντα πρὸς τὴν ἕω πολὺ ἐγκλίνειν. Bog sich die gemeinschaftliche Grenze der zweiten und dritten Sphragis nach Osten zu, war, wie oben besprochen, die Nordseite der dritten in erheblicher Weise convergent, so konnte Eratosthenes doch dem Euphrat allein die Schuld der Verkürzung der Südseite nicht beimessen, sondern musste jene beiden wichtigen Faktoren hier mit zu Rathe ziehen. Das Gegentheil seiner Angabe würde heissen: Wenn der Euphrat direct nach Süden liefe, so wären beide Längen gleich, und sonach müsste die östliche Breitenlinie abermals auch nach Eratosthenes selbst senkrecht auf der Südseite gestanden haben.

Bei Betrachtung und Zusammenstellung dieser Thatsachen scheint uns das Unrecht des Strabo, wenn er den Hipparch beschuldigt, falsche Voraussetzungen zu gebrauchen, willkürliche zu erfinden, wenn er seine Berechnungen als kindisch bei Seite schiebt, in immer hellerem Lichte zu treten. Er bringt keine Gründe, die die Geltung jener Belege vereiteln könnten, und seine wiederholte Versicherung, Eratosthenes sage nicht, dass er die Seiten parallel habe anlegen wollen, kann sich nur mehr und

---

1) Vrgl. Arr. Ind. cap. XXI. flgd., die Entfernungsangaben des Nearch.

mehr als ein gewählter Anhaltepunkt dokumentirt. Hipparch wird also gewiss nicht ins Blaue hinein und ohne Grund die zweite Sphragis als ein regelrechtes Parallelogramm betrachtet haben, war es aber so aufzufassen, so hatte sein in den vorstehenden Fragmenten construirtes Dreieck und dessen Resultat Gültigkeit, eben so gut, wie die Dreiecke, die er nun im folgenden entwarf, und durch welche er weiterhin zu beweisen suchte, dass die eben besprochene Linie an der Westseite der zweiten Sphragis nicht, wie Eratosthenes wolle, südlich, sondern wirklich südöstlich verlaufe.

X. Fragm. 4. C. 86.

Ἀλλ' ἐπὶ τὸν Ἵππαρχον πρότερον ἐπανιόντες τὰ ἑξῆς ἴδωμεν. πάλιν γὰρ πλάσας ἑαυτῷ λήμματα γεωμετρικῶς ἀνασκευάζει τὰ ὑπ' ἐκείνου τυπωδῶς λεγόμενα. φησὶ γὰρ αὐτὸν λέγειν τὸ ἐκ Βαβυλῶνος εἰς μὲν Κασπίους πύλας διάστημα σταδίων ἑξακισχιλίων ἑπτακοσίων, εἰς δὲ τοὺς ὅρους τῆς Καρμανίας καὶ Περσίδος πλειόνων ἢ ἐνακισχιλίων, ὅπερ ἐπὶ γραμμῆς κεῖται πρὸς ἰσημερινὰς ἀνατολὰς εὐθείας ἀγομένης· γίνεσθαι δὲ ταύτην κάθετον ἐπὶ τὴν κοινὴν πλευρὰν τῆς τε δευτέρας καὶ τῆς τρίτης σφραγῖδος, ὥστε κατ' αὐτὸν συνίστασθαι τρίγωνον ὀρθογώνιον ὀρθὴν ἔχον τὴν πρὸς τοῖς ὅροις τῆς Καρμανίας, καὶ τὴν ὑποτείνουσαν εἶναι ἐλάττω μιᾶς τῶν περὶ τὴν ὀρθὴν ἐχουσῶν·[1] δεῖν οὖν τὴν Περσίδα τῆς δευτέρας ποιεῖν σφραγῖδος. πρὸς ταῦτα δ' εἴρηται ὅτι οὔθ' ἡ ἐκ Βαβυλῶνός εἰς τὴν Καρμανίαν ἐπὶ παραλλήλου λαμβάνεται, οὔθ' ἡ διορίζουσα εὐθεῖα τὰς σφραγῖδας μεσημβρινὴ εἴρηται· ὥστ' οὐδὲν εἴρηται πρὸς αὐτόν. οὐδὲ τὸ ἐπιφερόμενον [σὺ][2]· εἰρηκότος γὰρ ἀπὸ Κασπίων πυλῶν εἰς μὲν Βαβυλῶνα τοὺς λεχθέντας, εἰς δὲ Σοῦσα σταδίοις εἶναι τετρακισχιλίους ἐνακοσίους, ἀπὸ δὲ Βαβυλῶνος τρισχιλίους τετρακοσίους, πάλιν ἀπὸ τῶν αὐτῶν ὁρμηθεὶς ὑποθέσεων ἀμβλυγώνιον τρίγωνον συνίστασθαί φησι πρός τε ταῖς Κασσίοις πύλαις καὶ Σούσοις καὶ Βαβυλῶνι, τὴν ἀμβλεῖαν γωνίαν ἔχον πρὸς Σούσοις, τὰ δὲ τῶν πλευρῶν μήκη τὰ ἐκείμενα· εἴτ' ἐπιλογίζεται, διότι συμβήσεται κατὰ τὰς ὑποθέσεις ταύτας τὴν διὰ Κασσίων πυλῶν μεσημβρινὴν γραμμὴν

---

1) τῶν τὴν ὀρθὴν περιεχουσῶν. Koray. 2) σὺ von Koray eingefügt.

ἐπὶ τοῦ διὰ Βαβυλῶνος καὶ Σούσων παραλλήλου δυσμικω-
τέραν ἔχειν τὴν κοινὴν τομὴν τῆς κοινῆς τομῆς τοῦ αὐτοῦ
παραλλήλου καὶ τῆς ἀπὸ Κασπίων πυλῶν καθηκούσης εὐθείας ἐπὶ τοὺς ὅρους τοὺς τῆς Καρμανίας καὶ τῆς Περσίδος
πλείοσι τῶν τετρακισχιλίων καὶ τετρακοσίων· σχεδὸν δή τι
πρὸς τὴν διὰ Κασπίων πυλῶν μεσημβρινὴν γραμμὴν ἡμί-
σειαν ὀρθῆς ποιεῖν γωνίαν τὴν διὰ Κασπίων πυλῶν καὶ τῶν
ὅρων τῆς τε Καρμανίας καὶ τῆς Περσίδος, καὶ νεύειν αὐτὴν
ἐπὶ τὰ μέσα τῆς τε μεσημβρίας καὶ τῆς ἰσημερινῆς ἀνατολῆς·
ταύτῃ δ' εἶναι παράλληλον τὸν Ἰνδὸν ποταμόν, ὥστε καὶ
τοῦτον ἀπὸ τῶν ὁρῶν οὐκ ἐπὶ μεσημβρίαν ῥεῖν, ὡς φησιν
Ἐρατοσθένης, ἀλλὰ μεταξὺ ταύτης καὶ τῆς ἰσημερινῆς ἀνατολῆς, καθάπερ ἐν τοῖς ἀρχαίοις πίναξι καταγέγραπται.

X. Fragm 5. Weiter unten.

— χωρὶς δὲ τούτων κἀκεῖνος εἴρηκεν[1], ὅτι ῥομβοειδές ἐστι
τὸ σχῆμα τῆς Ἰνδικῆς· καὶ καθάπερ ἡ ἑωθινὴ πλευρὰ παρ-
έσπασται πολὺ πρὸς ἕω[2], καὶ μάλιστα τῷ ἐσχάτῳ ἀκρωτη-
ρίῳ, ὃ καὶ πρὸς μεσημβρίαν προπίπτει πλέον παρὰ τὴν ἄλλην ᾐόνα, οὕτω καὶ ἡ παρὰ τὸν Ἰνδὸν πλευρά.

Immer wieder unter der Voraussetzung, dass die gemeinschaftliche Grenzlinie der zweiten und dritten Sphragis die an-
stossende Linie senkrecht schneide, entwirft Hipparch hier zuerst
ein zweites rechtwinkeliges Dreieck, dessen Katheten die erwähnte Grenzlinie und die Linie von Babylon durch Susa und
Persepolis bis zur karmanischen Grenze, dessen Hypotenuse die
Linie von Babylon nach den kaspischen Pforten ist. Eratosthenes
hatte bekanntlich die Südgrenze der dritten Sphragis auf 9200
Stadien berechnet, da er jetzt die Entfernung von Babylon nach
den kaspischen Thoren gleich 6700 Stadien angab, wurde die
Hypotenuse kleiner als die Kathete[3], wenn darum die Linie von
den kaspischen Thoren senkrecht sein sollte, so durfte sie nicht
nach der karmanischen Grenze gezogen werden, sondern viel
westlicher nach der persischen.

Durch dieses Dreieck wollte Hipparch nun seinerseits erst

---

1) Nach Groskurd, Forbiger und Cramer ist hier nach εἴρηκεν φησί
ausgefallen mit Hipparch als Subject. 2) Penzel wollte lesen: ἑσπέραν, was mit den übrigen Angaben nicht in Einklang zu bringen ist.
Ihm folgt in seiner Karte Mannert. 3) S. die Zeichnung u. Erläuterung Groskurd's.

nachweisen, dass die Linie nach der karmanischen Grenze
nicht senkrecht liegen könne. Er geht nun weiter um das Maass
ihrer südöstlichen Abweichung nach den gegebenen Zahlen und
der Eratosthenischen Entfernung zwischen Babylon und Susa fest-
zustellen. Er will dem Eratosthenes, dem er mit der Bildung
eines Parallelogramms aus der zweiten Sphragis die Annahme der
Parallelität der Linie nach der Grenze Karmaniens und des Indus
beimisst, aus dieser letzteren nachweisen, dass die alten Karten,
die den Indus südöstlich laufen liessen, während er ihm rein südliche Richtung gab, nach seinen eigenen Angaben Recht behalten
müssten.

Er entwirft zu diesem Zwecke erst ein stumpfwinkeliges
Dreieck[1]). Die eine Seite geht von Babylon nach den kaspischen
Pforten und beträgt 6700 Stadien, die andere von Babylon nach
Susa ist 3400 Stadien, die dritte von Susa nach den kaspischen
Thoren 4900 Stadien lang. Die Maassangaben nach Eratosthenes
müssen richtig sein, denn Strabo greift sie nicht an. Den stumpfen
Winkel dieses Dreiecks bei Susa berechnet Gosselin zu 106°
14'. Mit Hülfe des Nebenwinkels zu demselben, der also 73°
46' betrug, gewann Hipparch ein neues rechtwinkliges Dreieck,
bestehend aus der Entfernung von Susa nach den Pforten, aus
dem Stück des wirklichen Meridians von den Pforten bis auf den
Parallel von Babylon und Susa und aus der Entfernung von Susa
bis zum Durchschnitte des Meridians und des Parallels. Durch
Construction dieses rechtwinkligen Dreiecks, zu welchem ihm die
Winkel und die Hypotenuse (4900 St. v. Susa nach den kasp.
Thoren) gegeben waren, fand er die kleine Kathete in runder
Summe gleich 1400 Stadien, die grosse also fast gleich 4700
Stadien. Hiernach entwarf er neben diesem noch ein rechtwinkliges Dreieck, welches seine grosse Kathete in dem Stück
des Meridians von den Pforten bis zum Parallel von Susa mit
dem vorigen gemeinsam hatte. Die kleinere Kathete war hier
der Rest der Eratosthenischen Südseite der dritten Sphragis,
nach Abzug der 3400 Stadien von Babylon nach Susa und der
1400 Stadien von Susa bis zum Durchschnittspunkte des Meridians der kaspischen Thore durch die parallele Südseite selbst
noch 4400 Stadien, die Hypotenuse war die Eratosthenische Linie

[1]) Vrgl. Groskurd. Gosselin S. 52.

von den kaspischen Thoren nach der karmanischen Grenze. Bekannt waren an diesem Dreieck zwei Seiten mit dem eingeschlossenen Winkel, wonach Hipparch fand, dass der Winkel, den die Eratosthenische Linie nach der karmanischen Grenze an den kaspischen Thoren mit dem eigentlichen Meridiane mache, nahe zu 45° (43° 5′) gross sei. Die Gründe für die Rechtfertigung der Berechnung und ihrer Unterlagen bleiben die früher hervorgehobenen.

Seinen Entfernungsangaben zufolge, meinte also Hipparch, hätte Eratosthenes die Westgrenze der Sphragis Ariane nach Südosten ziehen müssen, und seine Angabe, sie sei dem Indus parallel, stimme dann wohl nach der Zeichnung der alten Karten, die den Indus nach Südosten strömen liessen[1], nach seiner verbesserten Karte aber, wo der Indus rein nach Süden fliesse, ganz und gar nicht.

Weiterhin macht Hipparch darauf aufmerksam, dass die Rhombusgestalt, welche Eratosthenes Indien zuschreibe, durch Annahme dieser Lage des Indus zu Stande komme, während diejenige, die Eratosthenes dem Flusse gebe, derselben Figur widerstrebe.

Auf eine Entgegnung dieser letzten Bemerkung aber, deren Zusammenhang im Texte durch die glückliche Conjectur Groskurds in einfacher Weise hergestellt wird, liess sich Strabo gar nicht ein, sondern schnitt die Discussion ab, mit der allgemeinen Erklärung, solche geometrische Behandlung sei hier nicht am Orte, woran er noch einen weiteren Ausfall gegen das Verfahren Hipparchs anknüpft, ehe er zur weiteren Darstellung desselben gelangt.

X. Fragm. 6. Fortsetzung.

— πάντα δὲ ταῦτα λέγει γεωμετρικῶς ἐλέγχων, οὐ πιθανῶς.

Ταῦτα δὲ καὶ αὐτὸς ἑαυτῷ ἐπενίγκας ἀπολύεται φήσας, εἰ μὲν παρὰ μικρὰ διαστήματα ὑπῆρχεν ὁ ἔλεγχος, συγγνῶναι ἂν ἦν· ἐπειδὴ δὲ παρὰ χιλιάδας σταδίων φαίνεται διαπίπτων, οὐκ εἶναι συγγνωστά· καίτοι ἐκεῖνόν γε καὶ παρὰ

---

[1] Vrgl. Herod. IV. 44. οἱ δ᾽ (οἱ περὶ Σκύλακα), ὁρμηθέντες ἐκ Κασπατύρου τι πόλιος καὶ τῆς Πακτυϊκῆς γῆς, ἔπλεον κατὰ ποταμὸν πρὸς ἠῶ τε καὶ ἥλιον ἀνατολὰς ἐς θάλασσαν.

τιτρακοσίους σταδίους αἰσϑητὰ ἀποφαίνισϑαι τὰ παραλλάγ-
ματα, ὡς ἐπὶ τοῦ δι' Ἀϑηνῶν παραλλήλου καὶ τοῦ διὰ
Ῥόδου.

Dass Strabo ohne eine Ahnung der grossen Wichtigkeit des
Verfahrens, welches Hipparch hier in Anwendung brachte, mit demselben zugleich alle Geometrie aus dem Bereiche der Geographie
entfernen will, zeigt abermals, wie er seinen Begriff von dieser
Wissenschaft nach der einen Seite hin beschränkte, dass er aber
dieses geometrische Verfahren gegen die Eratosthenischen Sphragiden unzulässig findet, beruht auf einer Unmethodischen Verken-
nung des Zweckes derselben. Was wollte denn Eratosthenes anderes machen mit seinen nach Länge und Breite so gut es ging
vermessenen Vierecken, als eben geometrischen Versuch? Solche
ganz allgemeine Typen, wie die Stierhaut von Spanien, das sicil-
lische Dreieck, das Platanenblatt der Peloponnes, die wissenschaft-
lich betrachtet nur eine ganz untergeordnete, speciell didaktische
Bedeutung hatten, hatte Eratosthenes sicher nicht allein im Sinne,
denn zu dem Zwecke würde er schwerlich nach geraden, parallelen und gemessenen Grenzlinien der einzelnen Abtheilungen gesucht, oder eine so charakteristische Küstengestaltung, wie den
Eingriff des persischen Busens in die Südseite der dritten Fläche
durch Annahme einer Linie im Inneren Lande abgeschnitten
haben. Welchen anderen Maassstab, als den geometrischen,
konnte denn die Kritik an solche Rhomben, Parallelogramme
und Trapeze legen, deren Seiten der Richtung nach bestimmt
waren, oder sich durch Vergleichung mit anderweitigen Angaben
bestimmen liessen, deren Seiten und Diagonalen in Entfernungszahlen vorlagen, die zwar nur aus dem Ungefähr gewonnen und
abgerundet waren, aber doch Gültigkeit haben sollten für gross-
artige Correcturen der Erdkarten, wenn sie sich nicht wie Strabo
von vorn herein mit allem, namentlich mit dem Fundamente aller
Figuren zusammen, einverstanden erklären wollte?

Der einzige Uebergriff, in den Hipparch dabei hätte verfallen können, wäre es gewesen, wenn er das Maass des Unge-
fährs der Zahlen durch zu subtile Rechnung hätte überschreiten
wollen. Er hat dies aber nirgends gethan. Er nimmt die Zahlen,
wie sie Eratosthenes bot, beklagt sich nur über Differenzen, die
etwa den dritten Theil des ganzen Werthes ausmachen und hält
an dem alten Grundsatz fest, man dürfe eine Differenz bis zu

400 Stadien (10 Meilen) nicht zum Fehler anrechnen. Wahrscheinlich hatte Hipparch diesen Grundsatz einem seiner Resultate, das in so abgerundeter Zahl vorlag, erläuternd beigefügt und eben so den Unterschied zwischen einer solchen Differenz und einer thatsächlich entstellenden ausgesprochen. Um den Eratosthenes gegen diese Rüge zu vertheidigen, meint Strabo, man müsse nur bedenken, dass der Parallel, mit dem derselbe rechne, eigentlich keine Linie, sondern ein Parallelogramm von 70,000 Stadien Länge und 3000 Stadien Breite sei, als ob Eratosthenes die 3000 Stadien Breite der Gebirge nicht selbst bei den Berechnungen in Anschlag gebracht hätte, und kommt schliesslich selbst zu der Ansicht Hipparchs: καὶ τὸ μὲν παρὰ πολὺ διαμαρτανόμενον παρορῶν ὑπεχέτω λόγον (δίκαιον γάρ)· τὸ δὲ παρὰ μικρὸν οὐδὲ παριδὼν ἐλεγκτέος ἐστίν. Indem er das, was noch zu erörtern wäre, die maassgebende Grenze der Differenz, nicht berücksichtigt, endigt er für jetzt mit einer wiederholten Abweisung geometrischer Kritik und einer wiederholten Beschuldigung Hipparchs wegen selbsterfundener Voraussetzungen.

Mit dieser abermaligen Abfertigung in Bausch und Bogen schliesst er aber noch nicht, sondern erwähnt noch in speciellerer Entgegnung drei fernere Berechnungen Hipparchs.

X. Fragm. 7. Strab. II. C. 88.

Βέλτιον δὲ περὶ τῆς τετάρτης λέγει μερίδος, προστίθησι δὲ καὶ [τὸ] τοῦ φιλαιτίου καὶ τοῦ μένοντος ἐπὶ τῶν αὐτῶν ὑποθέσεων ἢ τῶν παραπλησίων. τοῦτο μὲν γὰρ ὀρθῶς ἐπιτιμᾷ διότι μῆκος ὀνομάζει τῆς μερίδος ταύτης τὴν ἀπὸ Θαψάκου μέχρι Αἰγύπτου γραμμήν, ὥσπερ εἴ τις παραλληλογράμμου τὴν διάμετρον μῆκος αὐτοῦ φαίη· οὐ γὰρ ἐπὶ τοῦ αὐτοῦ παραλλήλου κεῖται ἥ τε Θάψακος καὶ ἡ τῆς Αἰγύπτου παραλία, ἀλλ' ἐπὶ διεστώτων πολὺ ἀλλήλων, ἐν δὲ τῷ μεταξὺ διαγώνιός πως ἄγεται καὶ λοξὴ ἡ ἀπὸ Θαψάκου εἰς Αἴγυπτον. τὸ δὲ θαυμάζειν, πῶς ἐθάρρησεν εἰπεῖν ἑξακισχιλίων σταδίων τὸ ἀπὸ Πηλουσίου εἰς Θάψακον, πλειόνων ὄντων ἢ ὀκτακισχιλίων[1]), οὐκ ὀρθῶς. λαβὼν γὰρ δι' ἀποδείξεως μὲν, ὅτι ὁ διὰ Πηλουσίου παράλληλος τοῦ διὰ Βαβυλῶνος πλείοσιν ἢ δισχιλίοις καὶ πεντακοσίοις σταδίοις νοτιώτερός ἐστι, κατ' Ἐρατοσθένη δὲ (ὡς οἴεται), διότι τοῦ διὰ Βαβυλῶνος

---

1) ἑκτακισχιλίων die Hdschr. Corr. v. Koray nach Gossellin p. 32.

ὁ διὰ τῆς Θαψάκου ἀρχικώτερος τετρακισχιλίοις ὀκτακοσίοις, συμπίπτειν φησὶ πλείους τῶν ὀκτακισχιλίων.

So giebt uns Strabo nach Anerkennung eines ihm selbst gerechtfertigt erscheinenden Tadels das Material eines neuen Hipparchischen Dreiecks. Jener wollte beweisen, dass Eratosthenes die Entfernung von Thapsakus nach Pelusium zu klein gesetzt habe, und nahm daher diese Linie als Hypotenuse eines rechtwinkligen Dreiecks, zu dessen Katheten die Entfernung von Pelusium bis Babylon nach Eratosthenes[1]) und der früher von Hipparch berechnete Breitenabstand zwischen Babylon und Thapsakus sich darboten. Die südliche Seite von Pelusium nach Babylon enthielt 5000 Stadien, die östliche vom Pelusischen Parallel bis Thapsakus dem Texte nach mehr als 7300 Stadien. Letztere Zahl haben wir bereits früher zu Fragm. V. 7. als unsicher bezeichnen müssen, wenigstens den einen Theil derselben, den vom Pelusischen Parallel bis zur Breite von Babylon, da er andern Hauptbreitenangaben zufolge mit 2500 Stad. berechnet zu gross erschien. Dass Hipparch den andern Theil dieser Seite, den Breitenunterschied von Babylon und Thapsakus zu 4800 Stad., der Entfernung des Eratosthenes am Euphrat hin, angab, war zulässig, da er nach seinem früher construirten Dreiecke (s. zu Fragm. X. 1 ff.) den eigentlichen Gehalt der hierher gehörigen Linie (der grossen Kathete) nur um 100 Stadien geringer, als den der Hypotenuse am Euphrat hin erwiesen hatte, und der geringe Unterschied durch die andere Zahl, die kleiner angegeben war (πλείοσιν ἢ δισχιλίοις καὶ πεντακοσίοις), übertragen wurde.

Früher stand in den Ausgaben allgemein die Lesart πλειόνων ὄντων τῶν ἑπτακισχιλίων, was Gosselin nach der grossen

---

1) Strabo widerspricht dem 5000 Stad. für diese Entfernung nicht, und Strab. XVI. C. 768 giebt Eratosthenes eine schiefe Linie von Heroonpolis nach Babylon zu 5600 Stad., die sich leicht in die gerade von Pelusium aus ändern lässt. Nach einigen später (C. 80) auftretenden Worten Strabos (τῇ τομῇ τοῦ τε διὰ Θαψάκου παραλλήλου καὶ τοῦ διὰ Πηλουσίου μεσημβρινοῦ) würde sich Hipparch nicht des oben beschriebenen Dreiecks bedient haben, sondern eines gegenüberliegenden, durch die Diagonale Thapsakus — Pelusium westlich von dem Parallelogramm der vierten Sphragis abgeschnittenen; Penzel hat durch die Umstellung der Worte Θαψάκου und Πηλουσίου die Lesart auf einfache Weise verbessert. Vrgl. Cramer, Groskurd.

Kathete von 7300 Stadien durch Rechnung änderte zu ὀκτακισχιλίων, denn die Hypotenuse wäre nach dieser Zahl und der andern Kathete von 5000 = 8848. Er hatte auch einige Handschriften für sich, die da, wo die Zahl zum zweiten Male auftritt, ὀκτακοσίων brachten [1]). Da wir im Verlass auf die sicher bezeugten und astronomisch festgestellten Breiten von Alexandria und Athen (S. Frgm. V. 6. u. 11.) an der Kathete von 7300 Stad. zweifeln müssen, können wir denn auch Gossellins Conjectur nur in so weit annehmen, als sie auf der Lesart der alten Handschriften beruht, d. h., wir sind nicht in der Lage uns mit stichhaltigen Gründen für die eine oder die andere Lesart zu entscheiden. Ob man auf so schlüpfrigem Boden sich in Conjecturen ergehen solle, oder nicht, darüber haben wir unsere Ansicht im Allgemeinen mit den dabei ins Gewicht fallenden Möglichkeiten bereits bei Frgm. V. 7. ausgesprochen. Jedenfalls müsste man sich dabei an die Linie vom Pelusischen Parallel nach Thapsakus halten, denn sie steht in directer Beziehung zu den Breitenangaben von Alexandrien und Athen (Rhodus?), und die von Hipparch gegebenen Phänomene derselben müssen einmal für uns maassgebend bleiben. Eine Vermuthung wäre vielleicht der Erwähnung werth zu halten, da sie nur eine geringe Textänderung erheischt. Man könnte in der Zahl πλείοσιν ἢ δισχιλίοις καὶ πεντακοσίοις statt δισχιλίοις bloss χιλίοις lesen, dann würde die Zahl sich dem Werthe von 2½° nähern, und 2½° sind eben erforderlich, um mit der andern Zahl 2400 Stadien südlich vom Athenischen Parallel, also ungefähr 3½°, zusammen die 6 Grade zu füllen, die zwischen Alexandria und Athen nach Hipparch liegen konnten. Eine weitere Aenderung der Zahl πεντακοσίων in ἑπτακοσίων, die aber nicht nöthig wäre, würde das erforderliche Gradverhältniss auf den Punkt bezeichnen. Die Hypotenuse des Dreiecks käme dabei unter keiner Bedingung zu kurz, denn da sich die ganze grosse Kathete dann auf 6300 (oder 6500) beliefe, müsste die erstere jedenfalls noch über 8000 kommen.

Strabos Besprechung bietet hier nichts Neues. Auch die Anwendung des Dreiecks von Hipparchs Seiten scheint über die Abwendung und Berichtigung jener Längenlinie Thapsakus — Pelusium nicht hinausgegangen zu sein.

— — —

[1) Vrgl. Cramers u. Casaub. annotatt.

X. Fragm. 8. Strab. II. C. 80.

— κεινὸν δὲ καὶ τὸ συνάπτον τούτῳ, ἀπὸ μὴ συγχωρουμέ-
νου λήμματος κατασκευαζόμενον. οὐ γὰρ δὴ δίδοται τὸ ἀπὸ
Βαβυλῶνος ἐπὶ τὸν διὰ Κασπίων πυλῶν μεσημβρινὸν εἶναι
διάστημα τετρακισχιλίων ὀκτακοσίων. ἐλήλεγκται γὰρ ὑφ'
ἡμῶν ἐκ τῶν μὴ συγχωρουμένων ὑπ' Ἐρατοσθένους κατε-
σκευακότα τοῦτο τὸν Ἵππαρχον· ἵνα δ' ἀνίσχυρον ᾖ τὸ ὑπὸ
ἐκείνου διδόμενον, λαβὼν τὸ εἶναι πλείους ἢ ἐνακισχιλίους
ἐκ Βαβυλῶνος ἐπὶ τὴν ἐκ Κασπίων πυλῶν οὕτως ἀγομένην
γραμμήν, ὡς ἐκεῖνος εἴρηκεν, ἐπὶ τοὺς ὅρους τῆς Καρμανίας,
ἐδείκνυε τὸ αὐτό.

Was für eine Berechnung Hipparchs hier zu Grunde gelegen
habe, vermögen wir nicht zu entdecken. Strabo hat bei der einfachen Erwähnung zu wenig Andeutungen hinterlassen. Vielleicht
standen ihm wenig Gründe dagegen zu Gebote. Die Rechtfertigung der Linie von Babylon nach dem Meridian der kaspischen
Thore, die Strabo einzig hervorhebt und die Hipparch auf 4800
Stadien berechnete, liegt in dem Dreiecken, deren in Fragm. X.
4. gedacht worden ist (Vrgl. S. 110). Eine aus der vorigen Berechnung hervorgehende Folgerung, wie Forbiger laut seiner
Uebersetzung angenommen zu haben scheint, brauchte die hier
erwähnte nicht zu sein, denn die eine bekannte Linie ist eher
mit allen andern, als mit der dort berichtigten Hypotenuse in
Verbindung zu setzen. Eher könnte sie vielleicht mit dem folgenden namentlich den Angriffen auf die Nordseite der dritten
Fläche, in Zusammenhang stehen. Das Verfahren, das Strabo
ausdrücklich hervorhebt, eigene Angaben des Gegners zu verwenden, ist bei Hipparch nichts Neues. Möglicherweise hatte
derselbe das eine Mal mit dem rechten Winkel gerechnet, den,
nach seiner Auffassung, die Eratosthenische Westgrenze der
zweiten Fläche mit der Südgrenze machen sollte, das andere
Mal mit dem spitzen Winkel, den diese beiden Linien mit einander nach seiner Berechnung wirklich machten (vrgl. zu Frgm.
X. 4.).

Strabo knüpft daran die Auseinandersetzung, dass man doch
auch für solche ganz ungefähr gewonnene Abstände und Figuren
gewisse Maasse haben müsse, dass man, wenn die allgemeinen
Längenlinien, wie hier, selbst mit einer Breite von 3000 Stadien
gezogen sei, also selbst ein Parallelogramm bilde, nur darauf zu

sehen habe, dass die Divergenz der einzelnen Bestandtheile des
Maasses der ganzen Länge die zugegebene Breite der Hauptlinie
nicht überschreite, nicht aber, wie Eratosthenes mit seinen Längen
der dritten und vierten Sphragis, diese ganz verlasse. Denn gegenüber dürfen wir annehmen, Hipparch habe ausdrücklich darauf
hingewiesen, wie unzulässig es sei, aus so beschaffenen Linien
gültige Längen- oder Breitenbestimmungen für Länder und Erd-
theile gewinnen zu wollen, sei es, dass er in der verlorenen
Berechnung besonders darauf ausgegangen war, sich einen klaren
Beleg dafür zu schaffen, oder dass er es im Rückblick auf die
bereits vielfach gewonnenen Resultate that.

X. Fragm. 9. Fortsetzung C. 90, 91.

— καὶ τὸ ἐπιφερόμενον δ᾽ ἐπιχείρημα τῆς αὐτῆς ἔχεται
μοχθηρίας. λαμβάνει γὰρ ἐν λήμματι τὸ ἐκ τῶν μὴ διδομέ-
νων κατασκευασθέν, ὡς ἠλέγξαμεν ἡμεῖς, ὅτι Θαψάκου Βαβυλὼν ἀνατολικωτέρα ἐστὶν οὐ πλείοσιν ἢ χιλίοις σταδίοις·
ὥστ᾽ εἰ καὶ πάνυ συνάγεται τὸ πλείοσιν ἢ δισχιλίοις καὶ
τετρακοσίοις σταδίοις ἀνατολικωτέραν αὐτὴν εἶναι ἐκ τῶν
λεγομένων ὑπὸ τοῦ Ἐρατοσθένους, ὅτι ἐπὶ τὴν τοῦ Τίγριδος
διάβασιν, ᾗ Ἀλέξανδρος διέβη, ἀπὸ Θαψάκου ἐστὶ σύντομος
σταδίων δισχιλίων τετρακοσίων, ὁ δὲ Τίγρις καὶ ὁ Εὐφρά-
της ἐγκυκλωσάμενοι τὴν Μεσοποταμίαν, τέως μὲν ἐπ᾽ ἀνατολὰς φέρονται, εἶτ᾽ ἐπιστρέφουσι πρὸς νότον καὶ πλησιά-
ζουσι τότε ἀλλήλοις τε ἅμα καὶ Βαβυλῶνι, οὐδὲν ἄτοπον
συμβαίνει τῷ λόγῳ.

Die Construction des Dreiecks, dessen südliche Seite eben
die hier von Strabo wiederum verworfene Linie, der Längenun-
terschied zwischen Thapsakus und Babylon war und die Gründe
für die Berechtigung derselben haben wir bereits oben (zu
Fragm. X. 1.) mitgetheilt. Die Deduction an sich ist klar. Wenn
nach des Eratosthenes Entfernungs- und Lageverhältnissen der
erwähnte Längenabstand von 1000 Stadien ausgerechnet werden
konnte, wenn der Tigris in seinem oberen und mittleren Laufe,
wie der Euphrat, eine mehr nach Osten neigende Linie zog, bis
er sich nach Süden wandte und Babylon näherte, so stand mit
diesen Voraussetzungen seine Angabe, der auf die gerade Linie
reducirte Weg von Thapsakus nach der Uebergangsstelle am
Tigris enthalte 2400 Stadien, im Widerspruche.

Nochmals wendet sich nun Hipparch gegen die Linie von

Thapsakus nach den kaspischen Pforten und sucht nachzuweisen, dass die geradegelegte Linie kleiner sein müsse, als 10,000 Stadien.

X. Fragm. 10.   Fortsetzung:

Πλημμελεῖ δὲ καὶ ἐν τῷ ἑξῆς ἐπιχειρήματι, ἐν ᾧ συνάγειν βούλεται, ὅτι τὴν ἀπὸ Θαψάκου ἐπὶ Κασπίους πύλας ὁδόν, ἣν μυρίων σταδίων Ἐρατοσθένης εἴρηκεν, οὐκ ἐπ' εὐθείας ἀναμεμετρημένην ὡς ἐπ' εὐθείας παραδίδωσι, τῆς εὐθείας πολὺ ἐλάττονος οὔσης. ἡ δ' ἔφοδός ἐστιν αὐτῷ τοιαύτη. φησὶν εἶναι κατ' Ἐρατοσθένη τὸν αὐτὸν μεσημβρινὸν τόν τε διὰ τοῦ Κανωβικοῦ στόματος καὶ τὸν διὰ Κυανέων, διέχειν δὲ τοῦτον τοῦ διὰ Θαψάκου ἑξακισχιλίους τριακοσίους σταδίους, τὰς δὲ Κυανέας τοῦ Κασπίου ὄρους ἑξακισχιλίους ἑξακοσίους, ὃ κεῖται κατὰ τὴν ὑπέρθεσιν τὴν ἐπὶ τὸ Κάσπιον πέλαγος ἐκ Κολχίδος, ὥστε παρὰ τριακοσίους σταδίους τὸ ἴσον εἶναι διάστημα ἀπὸ τοῦ διὰ Κυανέων μεσημβρινοῦ ἐπί τε Θάψακον καὶ ἐπὶ τὸ Κάσπιον· τρόπον δή τινα ἐπὶ τοῦ αὐτοῦ μεσημβρινοῦ κεῖσθαι τήν τε Θάψακον καὶ τὸ Κάσπιον· τούτῳ δ' ἀκολουθεῖν τὸ ἀφεστάναι ἴσον τὰς Κασπίους πύλας Θαψάκου τε καὶ τοῦ Κασπίου, [τοῦ δὲ Κασπίου] πολὺ ἐλάττους ἀφεστάναι τῶν μυρίων, ὅσους φησὶν ἀφεστάναι Ἐρατοσθένης τῆς Θαψάκου, [τῆς Θαψάκου] ἄρα πολὺ ἐλάττους ἢ μυρίοις ἀφεστάναι τοὺς ἐπ' εὐθείας. κυκλοπορίαν ἄρα εἶναι τοὺς μυρίους, [οὓς] λογίζεται ἐκεῖνος ἐπ' εὐθείας ἀπὸ Κασπίων πυλῶν εἰς Θάψακον. ἐροῦμεν δὲ πρὸς αὐτόν, ὅτι τοῦ Ἐρατοσθένους ἐν πλάτει λαμβάνοντος [τὰς] εὐθείας, ὅπερ οἰκεῖόν ἐστι τῆς γεωγραφίας, ἐν πλάτει δὲ καὶ τὰς μεσημβρινὰς καὶ τὰς ἐπὶ ἰσημερινὴν ἀνατολήν, ἐκεῖνος γεωμετρικῶς αὐτὸν εὐθύνει καὶ ὡς ἂν δι' ὀργάνων λάβοι τις τούτων ἕκαστον, οὐδὲ αὐτὸς δι' ὀργάνων ἀλλὰ μᾶλλον στοχασμῷ λαμβάνων καὶ τὸ πρὸς ὀρθὰς καὶ τὸ παραλλήλους. ἓν μὲν δὴ τοῦθ' ἁμάρτημα· ἕτερον δὲ τὸ μηδὲ τὰ κείμενα παρ' ἐκείνῳ διαστήματα τίθεσθαι ὑπ' αὐτοῦ, μηδὲ πρὸς ἐκεῖνα τὸν ἔλεγχον προσάγεσθαι, ἀλλὰ πρὸς τὰ ὑπ' αὐτοῦ πλαττόμενα. διόπερ πρῶτον μὲν ἐκείνου τὸ ἀπὸ τοῦ στόματος ἐπὶ Φᾶσιν εἰπόντος σταδίων ὀκτακισχιλίων, καὶ προσθέντος τοὺς εἰς Διοσκουριάδα ἐνθένδε ἑξακοσίους, τὴν δ' ἀπὸ Διοσκουριάδος εἰς τὸ Κάσπιον ὑπέρθεσιν ἡμερῶν πέντε, ἥτις κατ' αὐτὸν Ἵππαρχον εἰκάζεται λέγεσθαι ὅσον χιλίων σταδίων, ὥστε τὴν

σύμπασαν κατ' Ἐρατοσθένη κεφαλαιοῦσθαι ἐννακισχιλίων
ἑξακοσίων· αὐτὸς συντέτμηκα καί φησιν ἐκ μὲν Κυανέων
εἰς Φᾶσιν πεντακισχιλίους ἑξακοσίους, εἰς δὲ Κάσπιον ἐνθένδε ἄλλους χιλίους· ὥστ' οὐ κατ' Ἐρατοσθένη συμβαίνοι
ἂν ἐπὶ τοῦ αὐτοῦ πως μεσημβρινοῦ τό τε Κάσπιον εἶναι
καὶ τὴν Θάψακον, ἀλλὰ κατ' αὐτόν.

Dies ist der letzte Angriff Hipparchs auf die Eratostheníschen
Sphragiden, den uns Strabo überliefert. Der erste Einwurf, den
Strabo gegen denselben nochmals erhebt, ist ungerechtfertigt.
Es ist bereits früher (zu Fragm. X. 6.) über denselben verhan-
delt worden. Die Geometrie als Prüfstein zu brauchen für
Flächen, deren Seiten durch Entfernungszahlen bestimmt waren,
konnte gewiss Niemandem verwehrt werden, wenn er nur bei der
Berechnung über die Abrundung der Zahlen nicht hinausging.

Dass Eratosthenes die Strecke vom Berge Caspius bis zu
den kaspischen Thoren viel kleiner angegeben habe, als die von
Thapsakus bis ebendahin, stimmt mit dessen Entfernungszahlen,
die Strabo XI. C. 514. überliefert (7400 Stadien).

Was die Entfernung von den Kyaneen bis zum Kasplus betrifft, so sagt Strabo selbst, dass Hipparch die Zahl reducirt habe,
und wenn dies der Fall war, sieht man auf den ersten Blick,
dass er dies that, indem er ein Drittel von der Summe abzog,
also die Reductionsart befolgte, die wir später bei Ptolemäus
wiederfinden [1]), denn die Eratosthenísche Entfernungssumme von

---

1) Vrgl. Geogr. I. 13. Da übrigens Ptolemäus Chalcedon Lib. V.
1; 2 auf 56¹/₁₂° L. und die Mündung des Phasis Lib. V. 10; 2 auf 72¹/₂° L.
setzt, so würde dieser Unterschied von etwa 16° für die Länge des
ganzen Pontus, wenn man annimmt, dass des Ptolemäus 44. und 45.
Parallel Grade von circa 350 Stadien hatten, merkwürdig beinahe auf
die Zahl 5600 zurückkommen, die Strabo dem Hipparch zuschreibt.
Bei Hipparch, der den Grad des grössten Kreises zu 700 Stadien an-
nahm, müssten die Grade dieser Parallelen etwa 500 Stadien betragen,
so dass seine Längenzahl des Meeres ungefähr 12° entspräche, was der
wirklichen Längendistanz von Chalcedon und Dioscurias fast gleich
käme. Es wäre an sich gar nicht unmöglich, dass ihm Finsternis-
beobachtungen aus jenen beiden Gegenden vorgelegen hätten, doch
steht der Annahme die ausdrückliche Hinweisung Strabos auf das Re-
ductionsverfahren im Wege, da dieser eigene Berechnungen Hipparchs
sonst besonders hervorhebt (s. Fragm. V. 7.: λαβὼν γὰρ δι' ἀποδείξεως μὲν κ. τ. λ.).

den Kyaneen bis Dioscurias nennt Strabo 8600 Stadien, was nach Abzug eines Drittels in runder Summe 5600 (genauer 5732) als reducirte Linie ergeben müsste. Strabo glaubte dieser Art der Reduction um so eher widersprechen zu müssen, als er die Südküste des Pontus mit Ausnahme des Vorgebirges Karambis als ziemlich gerade Linie betrachtete[1]). Aehnlich verfuhr Hipparch mit dem zweiten Theile der Linie, der Wegstrecke von Dioscurias bis zum Kaspius, die fünf Tagereisen ausmachte. Die Tagereise scheint bei ihm und bei Strabo zwischen 200 und 300 Stadien gegolten zu haben[2]), woraus sich ergiebt, dass er hier bei Fixirung und Abrundung der Zahl der zwei Drittel 150 Stadien zu viel, wie bei der ersten Strecke 132 Stadien zu wenig ansetzte.

Die noch folgenden letzten Fragmente bieten uns nichts wesentlich neues, ausser dem Hinweis darauf, dass Hipparch seine Specialkritik, namentlich sein geometrisch-kritisches Verfahren auch auf die noch übrigen Theile Asiens und auf Europa ausgedehnt habe.

X. Fragm 11. C. 92.

— εἶτ' ἐπιτίθεται τὰ λεχθέντα ὑπὸ τοῦ Ἐρατοσθένους περὶ τῶν μετὰ τὸν Πόντον τόπων, ὅτι φησὶ τρεῖς ἄκρας ἀπὸ τῶν ἄρκτων καθήκειν· μίαν μὲν ἐφ'[3]) ἧς ἡ Πελοπόννησος, δευτέραν δὲ τὴν Ἰταλικήν, τρίτην δὲ τὴν Λιγυστικήν, ὑφ' ὧν κόλπους ἀπολαμβάνεσθαι τόν τε Ἀδριατικὸν καὶ τὸν Τυρρηνικόν. ταῦτα δ' ἐκθέμενος καθόλου πειρᾶται τὰ καθ' ἕκαστα περὶ αὐτῶν λεγόμενα ἐλέγχειν γεωμετρικῶς μᾶλλον ἢ γεωγραφικῶς.

X. Fragm. 12. C. 93. 94.

— τοῦ γὰρ Ἐρατοσθένους ἐπὶ τῶν πόρρω διεστηκότων τὰ παραδεδομένα φάσκοντος ἐρεῖν διαστήματα, μὴ διισχυριζομένου δὲ καὶ λέγοντος ὡς παρέλαβε, προστιθέντος δ' ἔστιν ὅπου τὰ ἐπ' εὐθείας μᾶλλον καὶ ἧττον, οὐ δεῖ προσάγειν

---

1) S. II. C. 125. Wenn man den Zahlen jener Stelle trauen will, so hätte Strabo dort selbst eine Reduction der Längenlinie des ganzen Meeres auf über 7000 Stadien vorgenommen. Man vergleiche noch dazu seine Entfernungsangaben Lib. XII. C. 543, folg. XI. C. 498. Arriani peripl. S. 59—77 ed. S. F. W. Hoffmann.   2) Vrgl. Forbiger I. S. 551. Str. I. C. 35. und dazu XVII. C. 803. u. Herod. IV. 41.   3) ἀφ' ἧς Cod. C.

τὸν ἀκριβῆ ἔλεγχον τοῖς μὴ ὁμολογουμένοις πρὸς ἄλληλα
διαστήμασιν· ὅπερ ποιεῖν πειρᾶται ὁ Ἵππαρχος ἔν τε τοῖς
πρότερον λεχθεῖσι καὶ ἐν οἷς τὰ περὶ τὴν Ὑρκανίαν μέχρι
Βακτρίων καὶ τῶν ἐπέκεινα ἐθνῶν ἐπιτίθεται διαστήματα,
καὶ ἔτι τὰ ἀπὸ Κολχίδος ἐπὶ τὴν Ὑρκανίαν θάλατταν.

Gehörte nun das, was von der Hipparchischen Kritik noch
übrig war, wie Strabo mehrfach hervorhebt, in den Bereich derjenigen Angriffe, die er als rein mathematischer Art für unzulässig dem Geographen gegenüber erachtete, waren sie also eine
einfache Fortsetzung des trigonometrischen Verfahrens, so kennen
wir ihre Art und Weise genugsam aus den Angriffen gegen die
Sphragiden. Hipparch nahm Eratosthenische Entfernungsangaben
und Richtungsangaben, verband sie zu Parallelogrammen oder
Dreiecken und wies auf diese Weise die Richtungsfehler und
Entfernungsdifferenzen nach. Noch einmal wollen wir darauf
hinweisen, dass die Resultate dieser Berechnungen eigentlich nichts
weiter sind, als die Entfernungs- oder Lagenverhältnisse, die
Eratosthenes hätte angeben müssen, wenn er seine einzelnen Angaben mit einander in die gehörige, von Hipparch als erforderlich
betrachtete Verbindung mit einander gesetzt hätte. Als Angaben
und Merkmale der alten Karten, die Hipparch empfahl, dürfen
wir sie daher nur so weit auffassen, als die ausdrückliche De-
merkung beigefügt ist, oder als sich anderswoher nachweisen
lässt, dass sie der älteren Geographie angehören. Wenn wir
daher am Schlusse noch einmal nach den eigentlichen Spuren
der alten Karten fragen, die Hipparch vorgelegen haben, und die
Strabo mit der Bezeichnung οἱ ἀρχαῖοι πίνακες so oft hervorhebt, so können wir nicht mehr als etwa fünf Punkte als solche
anführen. Es sind dies die Angaben von der Abbeugung der
Asiatischen Gebirgszüge gegen Norden oder Nordosten (Fragm.
II. 2. Reihe IX.); von der Theilung des Ister (Fragm. VIII. 6.);
von dem südöstlich gerichteten Laufe des Indus (Fragm. X. 5.);
von der Ungewissheit, ob Taprobane Insel, oder Anfang eines
neuen Continentes sei (Fragm. VIII. 2.) und von der Trennung
der Oceane durch Isthmen (Fragm. VIII. 1.). Dass sich die beiden letztgenannten Punkte wiederum entgegenstehen, haben wir
bereits bei Fragm. VIII. 1. u. 2. hervorgehoben, sie können also
nicht in einer und derselben geographischen Niedersetzung ver-
einigt gewesen sein. Die übrigen, zu denen wir dann jede der

heiden letzten für sich wieder rechnen können, sind in der älteren Geographie, mit Ausnahme der Abbeugung des Gebirgszuges, an ganz verschiedenen Stellen und vielfach auftauchend nachzuweisen, können uns aber eben darum und in Anbetracht ihrer Kargheit überhaupt bis auf weiteres nicht in den Stand setzen, auf irgend einen bekannten Geographen der früheren Zeit mit einiger Bestimmtheit hinzuweisen.

Uebersicht.